新型职业农民示范培训教材

孔令华　郭洪娇◎主编

农村经济法规

中国农业出版社

内容简介

　　本示范培训教材是学员学习农村经济法规知识和技能的基础教材。本教材从服务"三农"出发，强调农村经济法规相关知识的实用性和通俗性，以满足学员学习知识和解决实际问题的需要，内容包括法律基础知识、物权法律制度、合同法律制度、农村土地承包法律制度、农业生产经营与农业资源环境保护法律制度、企业法律制度 6 个模块，涵盖了目前最新的与农业生产、农民生活和新农村建设密切相关的经济法律法规知识。

　　本教材既可作为新型职业农民培养、阳光工程和送教下乡等培训用书，也可作为在职乡镇管理人员的岗位培训或自学用书。

新型职业农民示范培训教材

编审委员会

主　　任　李景华

执行主任　郑福辉

副 主 任　王克强

成　　员　赵建武　曾立新　王立明　路志成　刘立民
　　　　　齐　艳　辛子军　席克奇　孙忠良　冯国华
　　　　　柳文金　张泽欧　董振国　菅宏伟　吴有民
　　　　　赵振钢　岳玉书

总 主 编　郑福辉

总 审 稿　王克强　路志成

本册编写人员

主　　编　孔令华　郭洪娇

副 主 编　宋念双　李　莉

编　　者　孔令华　郭洪娇　宋念双　李　莉　刘　杨
　　　　　刘　冬

出 版 说 明

发展现代农业，已成为农业增效、农村发展和农民增收的关键。提高广大农民的整体素质，培养造就新一代有文化、懂技术、会经营的新型职业农民刻不容缓。没有新农民，就没有新农村；没有农民素质的现代化，就没有农业和农村的现代化。因此，编写一套融合现代农业技术和社会主义新农村建设的新型职业农民示范培训教材迫在眉睫，意义重大。

为配合《农业部办公厅　财政部办公厅关于做好新型职业农民培育工作的通知》，按照"科教兴农、人才强农、新型职业农民固农"的战略要求，以造就高素质新型农业经营主体为目标，以服务现代农业产业发展和促进农业从业者职业化为导向，着力培养一大批有文化、懂技术、会经营的新型职业农民，为农业现代化提供强有力的人才保障和智力支撑，中国农业出版社组织了一批一线专家、教授和科技工作者编写了"新型职业农民示范培训教材"丛书，作为广大新型职业农民的示范培训教材，为农民朋友提供科学、先进、实用、简易的致富新技术。

本系列教材共有 29 个分册，分两个体系，即现代农业技术体系和社会主义新农村建设体系。在编写中充分体现现代教育培训"五个对接"的理念，主要采用"单元归类、项目引领、任务驱动"的结构模式，设定"学习目标、知识准备、任务实施、能力转化"等环节，由浅入深，循序渐进，直观易懂，科学实用，可操作性强。

我们相信，本系列培训教材的出版发行，能为新型职业农民培养及现代农业技术的推广与应用积累一些可供借鉴的经验。

因编写时间仓促，不足或错漏在所难免，恳请读者批评指正，以资修订，我们将不胜感激。

2017-06-20

目 录

■ 模块二　物权法律制度

■ 模块三　合同法律制度

■ 模块四　农村土地承包法律制度

模块一

法律基础知识

学习法律基础知识，能够增强法律意识，树立法制观念，提高辨别是非的能力。做到自觉守法，严格依法办事，积极运用法律武器，维护自身合法权益，成为具有较高法律素质的公民。

项目一 法律概述

案例 1-1 法的特征

河北某县农民范某的弟弟和弟媳因拒不履行法院生效法律文书，多次抗拒法院执法工作，该县法院依法决定司法拘留其夫妻二人 15 天。2012 年 7 月 10 日，执法人员来到范家宣布并执行司法拘留决定。范某闻讯赶到现场，指使其妻子等人躺在警车前，拦截警车，并叫嚣"老子就是法，谁也不好使"，而后强行闯入警车把弟弟和弟媳带下。之后，范某伙同妻子和弟弟、弟媳等人手持砖头对法院工作人员进行殴打、辱骂，有 5 名法院工作人员被打成轻微伤。范某暴力抗法达 1 小时之久。后范某及其妻子和弟弟、弟媳被公安机关依法逮捕，法院判决范某等人的行为构成妨碍公务罪，范某被依法判处有期徒刑 3 年，其妻子、弟弟、弟媳被判处有期徒刑 1 年。

知识储备

一、法的概念与特征

法是反映统治阶级意志和利益，由国家制定和认可并以国家强制力保证其实施的社会行为规范的总称。法的特征有：权威性、强制性、权义性、普遍性、规范性。

二、法的形式

法的形式，指法的具体的外部表现形态，主要是指法由何种国家机关制定或认可，具有何种表现形式或效力等级。在我国，法的形式见表 1-1。

表 1-1　法的形式

法律形式	制定机关	举　例
宪法	全国人民代表大会	《中华人民共和国宪法》
法律	全国人民代表大会及其常务委员会	《中华人民共和国农业法》
行政法规	国家最高行政机关即国务院	《农民专业合作社登记管理条例》

（续）

法律形式	制定机关	举 例
地方性法规	省、自治区、直辖市的人民代表大会及其常务委员会	《安徽省人民代表大会常务委员会关于修改〈安徽省淮河流域水污染防治条例〉的决定》
自治法规	民族自治机关	《新疆人大常委会关于坚决捍卫宪法和法律尊严依法严厉打击暴力恐怖犯罪的决定》
行政规章	国务院各部委；省、自治区、直辖市人民政府	《北京市人民政府关于修改〈北京市失业保险规定〉的决定》
国际条例	两个或两个以上国家	《上海合作组织成员国关于合作打击非法贩运麻醉药品、精神药物及其前体的协议》

三、法律关系与经济法律关系

（一）法律关系

法律关系是法律规范在调整人们的行为过程中所形成的权利义务关系。法律关系具有以下特征：

1. 法律关系是一种意志关系，属上层建筑范畴。
2. 法律关系是根据法律规范建立并得到法律保护的社会关系。
3. 法律关系是以权利义务为内容的具体的社会关系。

（二）经济法律关系

经济法律关系是指经济法主体根据经济法律规范产生的、在国家管理与协调经济运行过程中形成的权利与义务关系。

1. 经济法律关系的构成要素 经济法律关系由主体、内容、客体三个要素构成。具体如图 1-1 所示。

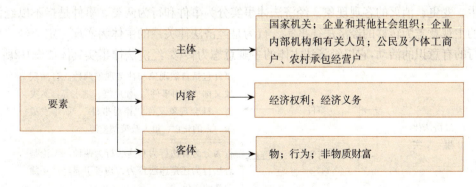

图 1-1 经济法律关系的构成要素

知识链接

经济权利

经济权利是指经济法主体依法能够为一定行为或不为一定行为，以及要求他人为一定行为或不为一定行为的资格。经济权利主要包括：经济职权；所有权；法人财产权；债权；知识产权。

非物质财富

非物质财富也可称为"精神财富"或"精神产品"，包括智力成果、道德产品和经济信息等。智力成果是指经济法主体从事智力劳动所创造的成果，如科学发明、技术成果、艺术创作成果、商标、专利、学术论著等。道德产品是指人们在各种社会活动中取得的非物化的道德价值，如荣誉称号、嘉奖表彰等。经济信息是指反映社会活动发生、变化等情况的各种消息、数据、情报和资料等的总称。

以案释法

案例 1-2 经济法律关系的构成要素

A 公司将其注册商标转让给 B 公司，双方签订转让合同。

【问题】A、B 之间是否形成了经济法律关系？如果形成了经济法律关系，请指出该经济法律关系的三要素。

【提示】A、B 之间形成了经济法律关系。该关系中主体为 A 公司与 B 公司；客体为注册商标，属于非物质财富；内容为双方的权利和义务，即 A 公司享有收取价款的权利和提供注册商标的义务，B 公司享有取得注册商标使用权的权利和支付价款的义务。

2. 经济法律事实 经济法律事实是指能够在经济法律关系的主体之间引起经济法律关系产生、变更、消灭的客观现象。经济法律事实分为事件和行为两类。事件是指不以经济法主体的主观意志为转移的经济法律事实。行为是经济法律关系的主体为实现一定的经济目标而进行的有意识的活动，它以经济法主体的主观意志为转移。经济法律事实具体如图1-2所示。

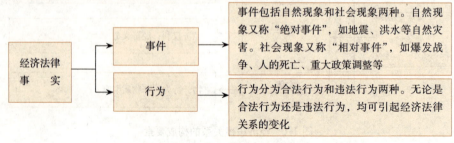

图 1-2 经济法律事实

案例点评

案例 1-1 法的特征

1. 权威性。法律的权威代表的是国家的权威，没有也不能有超越和凌驾于国家法律之上的特权人物。任何践踏法律的行为都必须受到制裁和惩罚。

2. 强制性。法是由国家强制力保证实施的行为规范。国家强制力包括军队、警察、监狱、法庭等国家机关，这些机关的执法活动使法律实施得到直接保障。

3. 权义性。法律的内容主要表现为权利和义务。公民必须履行遵守国家法律的义务。

4. 普遍性。法具有普遍适用性，凡是在国家权力管辖和法律调整的范围、期限内，对所有社会成员及其活动都普遍适用。

5. 规范性。法律不针对具体事或具体人，而是为人们规定一种行为模式或行为方案，在相同的条件下可以反复适用。

自学自练

识别经济法律关系的构成要素

甲公司委托乙公司将一批彩电运到某商场，并同意支付报酬 500 元。

【问题】这一经济法律关系中的主体、客体和内容各是什么？

【提示】主体是甲公司和乙公司；客体是运输行为，即提供一定的劳务；内容：甲公司有要求乙公司将彩电平安运达指定商场的权利和支付 500 元报酬的义务；乙公司有收到 500 元报酬的权利和将彩电平安运达指定商场的义务。

项目二 法律行为制度

举案说法

案例 1-3 买卖行为是否有效

赵某去年只有 17 岁，在本镇的水泥厂做临时工，每月有 800 元的收入。为了上班方便，赵某在镇里租了一间房。6 月，赵某欲花 600 元钱从林某处买一台旧彩电，此事遭到了其父母的强烈反对，但赵某还是买了下来。同年 9 月，赵某因患精神分裂症丧失了民事行为能力。随后，其父找到林某，认为他们之间的买卖无效，要求林某返还钱款，拿走彩电。

【问题】赵某与林某的买卖行为是否有效？

知识储备

一、法律行为概述

（一）法律行为的概念与特征

法律行为，是指以意思表示为要素，设立、变更或终止权利义务的合法行为。法律行为具有下列特征：

（1）以意思表示为要素。

（2）以设立、变更或者终止权利义务为目的。

（3）是一种合法行为。

（二）法律行为的形式

法律行为的形式，是指行为主体的内在意思表现于外部的方式。法律行为的形式见表 1-2。

表 1-2 法律行为的形式

形式	分类	特　点
明示方式	口头方式	采用当面交谈或电话接洽的方式进行的意思表示。适用于价款少、内容简单、可即时清结的法律行为

（续）

形式	分类	特　点
明示方式	书面方式	用写成书面文字的形式进行意思表示而成立的法律行为。明确肯定，有据可查
默示形式	推定形式	当事人用语言文字以外的有目的有法律意义的活动，来表达他们的意思
	沉默形式	当事人用沉默的方式，通过不作为而进行的意思表示

（三）法律行为的分类

法律行为的分类方法见表 1-3。

表 1-3　法律行为的分类

法律行为的分类	含　义	举　例
单方法律行为；双方或多方的法律行为	单方法律行为是指只有一方当事人的意思表示即可成立的法律行为	放弃债权、民事案件的撤诉
	双方或多方的法律行为是由双方或多方当事人经协商一致后方能成立的法律行为	购销合同、动迁协议、制定公司章程
无偿的法律行为；有偿的法律行为	无偿法律行为是指当事人一方在为对方完成某一经济义务时，不能要求对方也为自己承担相应义务的法律行为	执行经济管理机关对自己违法行为的处罚，依法纳税
	有偿法律行为是指当事人一方在为对方完成某一经济义务时，要求对方也为自己承担相应义务的法律行为	购销合同、有息借款
诺成性法律行为；实践性法律行为	诺成性法律行为是指仅以外在的意思表示即告行为成立的法律行为	一般的买卖、保险合同
	实践性法律行为是指当事人双方除达成一致并做出外在表示之外，还需要以交付标的物方告行为成立的经济法律行为	运输和仓储合同
要式法律行为；非要式法律行为	要式法律行为是指法律法规明确必须一定程序或一定格式才能宣告行为成立的法律行为	城市房产买卖、机动交通工具买卖等行为
	非要式法律行为是指法律法规对行为的成立没有规定一定的程序或格式，由当事人自主采用一种合适的方式既可成立的法律行为	除国家规定的要式行为之外的法律行为

二、法律行为的成立与生效

（一）法律行为的成立

法律行为的成立必须具有当事人、意思表示、标的三个要素。一些特别的法律行为，除了上述三个要素以外，还必须具备其他特殊事实要素，如实践性法律行为还必须有标的物的交付。

（二）法律行为的生效

法律行为的生效是指已经成立的法律行为因为符合法律规定的有效要件而取得法律认可的效力。法律行为成立是法律行为生效的前提。法律行为生效应具备一定的条件：

（1）行为人具有相应的民事行为能力。

（2）行为人的意思表示真实。

（3）不违反法律和社会公共利益。

（4）经济法律行为必须具备法定条件。

知识链接

法人的民事行为能力

法人作为民事法律关系的主体，是与自然人相对称的。法人是社会组织在法律上的人格化，是法律意义上的"人"。法人成立必须同时具备四个条件，即依法成立，有必要的财产和经费，有自己的名称、组织机构和场所，能够独立承担民事责任。法人组织的民事行为能力是由法人核准登记的经营范围所决定的。但从维护相对人的利益和促进交易的角度出发，原则上认定法人超越经营范围从事的民事行为有效，违反国家限制经营、特许经营以及法律、行政法规禁止经营规定的除外。

公民的民事行为能力

具有一国国籍的自然人称为该国的公民。根据公民的年龄和智力状况，我国法律将公民的民事行为能力分为完全民事行为能力、限制民事行为能力和无民事行为能力三种，具体见表1-4。

表1-4　公民的民事行为能力

民事行为能力	内　　容	从事的法律行为
完全民事行为能力	18周岁以上智力正常的公民，即通常所说的成年人	可以以自己的行为取得民事权利，履行民事义务
	16周岁以上不满18周岁的以自己的劳动收入为主要生活来源的公民	
限制民事行为能力	10周岁以上的未成年人	只能从事与其年龄和智力发育程度相当的民事法律行为，可以实施接受奖励、赠与、报酬等纯利益的民事行为
	不能完全辨认自己行为的精神病人	
无民事行为能力	不满10周岁的未成年人	无民事行为能力人原则上不能独立实施民事法律行为，可以实施接受奖励、赠与、报酬等纯利益的民事行为
	完全不能辨认自己行为的精神病人	

三、无效民事行为

（一）无效民事行为的概念和特征

无效民事行为，是指当事人的民事行为缺乏有效条件，违反法律，侵害国家或者他人利益的行为。无效民事行为的特征有：

(1) 自始无效。

(2) 当然无效。

(3) 绝对无效。

（二）无效民事行为的种类

(1) 违反法律和行政法规的民事行为。

(2) 采用欺诈、胁迫等手段或者乘人之危，使对方在违背真实意思的情况下的民事行为。

(3) 行为主体超越经济职权或者权限，行为人不具有相应的民事权利能力和民事行为能力而实施的民事行为。

(4) 恶意串通损害他人利益的民事行为。

(5) 以合法形式掩盖非法目的的民事行为。

(6) 违反国家利益、社会公共利益或国家指令性计划的民事行为。

以案释法

案例 1-4　当事人的经济行为是否有效

2013 年 3 月，A 市汽车配件公司（以下简称甲方）与 B 市汽车修理厂（以下简称乙方）签订了一批配件合同。同年 8 月，甲方发来某种配件 200 个，价款为 10 000 元，乙方以该配件质量有问题为由，拒付货款，要求退货。双方发生争执，甲方遂诉至法院，要求乙方遵守合同，如数付款。乙方在答辩中却坚持拒付，并提起反诉称：甲方发来的配件均为翻修次品，要求全部退货并赔偿乙方的全部损失。经法院查明：2013 年 2 月，甲方推销员于某来 B 市汽车修理厂推销配件时，为了让乙方同意签订购销合同，达到多推销、多提成的目的，竟在洽谈时，隐瞒了该配件为翻修再生产品的主要情节，欺骗乙方签订了合同。乙方进货后修理过程中，用户屡屡发现质量问题，乙方因此拒绝付款。

【问题】当事人的经济行为是否有效？

【提示】当事人的经济行为无效。采用欺诈、胁迫等手段或者乘人之危，使对方在违背真实意思的情况下的经济行为属无效行为，而无效行为从行为开始就没有法律约束力。甲方推销员于某推销配件时，为了让乙方同意签订购销合同，达到多推销、多提成的目的，竟在洽谈时，隐瞒了该配件为翻修再生产品的主要情节，欺骗乙方签订了合同。因此，当事人的经济行为无效。

四、可变更、可撤销的民事行为

（一）可变更、可撤销民事行为的概念和种类

可变更、可撤销的民事行为是指依照法律规定，由于行为的意思与表示不一致或者意

思表示不自由，导致非真实的意思表示，可由当事人请求人民法院或者仲裁机构予以变更或者撤销的民事行为。

可变更、可撤销的民事行为主要有以下种类：

（1）因重大误解而为的民事行为。

（2）显失公平的民事行为。

（二）撤销权的行使

可撤销的民事行为，其意思表示应向法院或仲裁机构作出，即依法向人民法院或仲裁机构提出变更或撤销的申请。因为请求人是否享有撤销权，须经人民法院或者仲裁机构确认。具有撤销权的当事人自知道或者应当知道撤销事由之日起1年内没有行使撤销权的，该撤销权消灭。

（三）民事行为被确认无效或被撤销的法律后果

无效或被撤销的民事行为，从行为开始就没有法律约束力。对于无效或被撤销的经济行为产生的法律后果，处理方法见表1-5。

表1-5　无效或被撤销的经济行为产生的法律后果的处理方法

处理方式	具体方法
返还原物	如果是一方的过错，则有过错的一方应把非法所得物返还给受害的一方；如果是双方的过错，则各自返还从对方取得的财产
赔偿损失	在无效或被撤销的行为中，如果一方有过错，给他方造成损失，应向受害的一方赔偿其因此所受的损失，以保障当事人的正当利益；如果双方都有过错，则根据过错的责任，双方各自承担相应的责任
强制收购	对于违反国家严格限制规定的商品，私下进行买卖而情节较轻的，由国家有关管理部门，按国家定价强制收购其商品、物资
收归国库	如果双方的经济行为已严重违反国家有关规定，则对双方取得的非法收入予以没收，缴归国库

以案释法

案例1-5　判别经济行为的性质

A. 不满十周岁的小明决定将自己的压岁钱2 000元送给同学小红。

B. 李某因重大误解为其女儿买回一双仿名牌鞋。

C. 甲厂业务员林某以揭发乙国有企业厂长隐私胁迫乙企业厂长签订一份不利于乙企业的买卖合同。

D. 丁公司向丙公司转让一辆无牌照的走私车。

E. 12岁男孩小强从商店购买1元钱雪糕。

【提示】有效民事行为：E；无效民事行为：A、C、D；可变更、可撤销民事行为：B。

五、附条件和附期限的法律行为

(一) 附条件的民事法律行为

附条件的民事法律行为是指在民事法律行为中规定一定条件，并且把该条件的成就与否作为民事行为效力发生或者消灭根据的民事法律行为。

1. 条件的特征

(1) 必须是将来发生的事实。

(2) 必须是将来不确定的事实。

(3) 条件应当是当事人双方约定的。

(4) 条件必须合法。

2. 条件的分类

(1) 附延缓条件的民事法律行为。延缓条件，也称"生效条件"或"停止条件"，是指民事法律行为中所确定的权利和义务要在所附条件成就时才生效。

(2) 附解除条件的民事法律行为。解除条件又称"消灭条件"，是指民事法律行为中所确定的权利和义务在所附条件成就时失去法律效力。

3. 附条件法律行为的效力　附条件的法律行为一旦成立，则已经在当事人之间产生了法律关系，当事人各方均应受该法律关系的约束。因此，在条件成就与否未得到确定之前，行为人一方不得损害另一方将来条件成就时可能得到的利益。条件未定之前，行为人也不得为了自己的利益，以不正当行为促成或阻止条件成就，否则，会产生相反的法律后果。

以案释法

案例 1-6　附条件的民事法律行为

甲打算卖房，问乙是否愿买，乙一向迷信，就跟甲说："如果明天早上 7 点你家屋顶上来了喜鹊，我就出 10 万块钱买你的房子。"甲同意。乙回家后非常后悔。第二天早上 7 点差几分时，恰有一群喜鹊停在甲家的屋顶上，乙正要将喜鹊赶走，甲不知情的儿子拿起弹弓把喜鹊打跑了，至 7 点再无喜鹊飞来。

【问题】应如何看待甲乙之间的房屋买卖行为？

【提示】甲乙之间的房屋买卖行为属于附生效条件的民事法律行为。如果乙恶意阻止条件成立（乙亲自动手把喜鹊打跑或者让自己的儿子把喜鹊打跑），应当认定为条件已经成立，合同生效，乙就应当履行合同。在本案例中，既然乙没有恶意阻止，所附条件没有成立，合同不生效，乙有权拒绝履行合同。

(二) 附期限的法律行为

附期限的法律行为，是指当事人设定一定的期限，并将期限的到来作为效力发生或消

灭前提的民事法律行为。根据期限对民事法律行为效力所起作用的不同，可以将其分为延缓期限和解除期限。

1. 附延缓期限的民事法律行为　指民事法律行为虽然成立，但是在所附期限到来之前不发生效力，待到期限届至时，才产生法律效力。因此，延缓期限也称"始期"。例如《全国人民代表大会常务委员会关于修改〈中华人民共和国农业法〉的决定》由中华人民共和国第十一届全国人民代表大会常务委员会第三十次会议于 2012 年 12 月 28 日通过，自 2013 年 1 月 1 日起施行。2013 年 1 月 1 日即为始期。

2. 附解除期限的民事法律行为　指民事法律行为在约定的期限到来时，该行为所确定的法律效力消灭。因此，解除期限也称"终期"。如厦门社保决定采取阶段性降低社会保障金征收费率、减收免收部分涉企收费等减负举措。此次减负举措截止时间为 2012 年 11 月 30 日。意味着 2012 年 11 月 30 日以后，此次减负举措将终止。

案例点评

案例 1-3　买卖行为是否有效

此买卖行为完全有效。因为合同成立时赵某已满 16 周岁，并以自己的劳动收入为其主要生活来源，根据《中华人民共和国民法通则》（以下简称《民法通则》）的规定："十六周岁以上不满十八周岁的公民，以自己的劳动收入为主要生活来源的，视为完全民事行为能力人。"所以赵某已经是完全民事行为能力人，可以独立实施法律行为，无须征得其父母同意。赵某患上精神病丧失行为能力是在合同成立之后，这不影响他在此前所做出的民事法律行为的效力。

自学自练

五金商行能经营文物业务吗

"新兴"五金商行的吴某见对面文物商店生产兴隆，利润颇丰，遂建议经理张某也经营文物买卖。张某心动同意，并做了第一笔交易。后被有关单位查获，没收其非法所得。吴某与张某却认为，"新兴"五金商行与文物商店同是国有企业，文物商店能经营，"新兴"五金商行就应该也能经营。而"新兴"五金商行经营文物反而被查处没收，二人因此对有关单位的处理不服。

【问题】"新兴"五金商行经营文物业务的行为是否合法？为什么？

【提示】"新兴"五金商行经营文物业务的行为不合法。文物是国家限制流通的商品，只有经国家批准的经营单位才能买卖文物，未经国家批准，任何单位和个人不得经营文物买卖业务。五金商行未经国家批准超范围经营文物业务是违法行为，应当受到有关单位的查处。

项目三 代理制度

知识储备

一、代理概述

（一）代理的概念与特征

代理是指代理人在授权范围内，以被代理人的名义与第三人进行的法律行为，其法律后果归被代理人承担和享有。代理的当事人如图 1-3 所示。

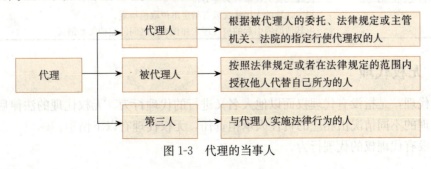

图 1-3　代理的当事人

代理具有如下特征：

（1）代理行为必须是具有法律意义的行为。

（2）代理行为是代理人以被代理人的名义进行的活动。

（3）代理人在代理权限范围内实施代理行为，是代理人独立的意思表示。

（4）代理行为直接对被代理人产生权利和义务。

（二）代理权的产生和终止

1. 代理权的产生　代理权的产生有以下三种情况：

（1）委托代理。委托代理是社会活动中最常用的代理方式。是指代理人由被代理人委托，并依法律规定授权而产生的代理行为。委托代理的形式有书面和口头两种。

（2）法定代理。是代理人由于法律的直接规定而产生代理权的代理行为。这种代理行为，法律规定是基于一定的亲属关系或者某种隶属关系而产生和确定的，带有某种强制性。

（3）指定代理。是国家主管机关或人民法院等根据需要指定公民或者法人行使代理权的代理。

> **知识链接**
>
> **委托代理的书面形式**
>
> 书面形式的一般做法是：被代理人先拟订授权委托书，将其意思表示写在书面上，并签字盖章，内容包括代理人姓名、代理事项、代理期限、授权范围等。

2. 代理权的终止

代理权的终止种类和原因见表1-6。

表1-6　代理权的终止

代理权终止的种类	代理权终止的原因
委托代理的终止	代理期间届满或者代理事务完成； 被代理人取消委托或者代理人辞去委托； 代理人死亡； 代理人丧失民事行为能力； 作为被代理人或者代理人的法人终止
法定和指定代理的终止	被代理人取得或者恢复民事行为能力； 被代理人或者代理人死亡； 代理人丧失民事行为能力； 指定代理的人民法院或者指定单位取消指定； 由其他原因引起的被代理人和代理人之间的监护关系消灭

二、无权代理

无权代理，是指没有代理权而以他人名义进行的代理行为。无权代理的法律后果，根据无权代理的不同情况由相应的责任人承担责任。无权代理有以下情形：

（1）没有代理权的代理行为。

（2）超越代理权的代理行为。

（3）代理权终止后的代理行为。

（一）本人的追认

所谓追认，是指被代理人对无权代理行为给予承认，使这种无效行为变为有效行为。如果无权代理行为经过被代理人追认，则被代理人承担法律责任。另外，本人知道他人以本人名义实施法律行为而不作否认表示的，视为同意，其法律后果由本人承担。

（二）相对人的保护

1. 催告　在被代理人追认前，相对人可以催告被代理人在一个月内予以追认。被代理人未作表示的，视为拒绝追认，则无权代理行为为无效行为。

2. 撤销权　善意相对人在被代理人行使追索权前，有权撤销其对无权代理人作出的意思表示。撤销应以通知的方式作出，一旦撤销则代理人与第三人所谓的民事行为即不生效。

三、滥用代理权

滥用代理权，是代理人利用享有代理权的便利条件损害被代理人利益的行为。滥用代理权是无效的，行为人要承担相应的法律后果。滥用代理权的三种表现形式见表1-7。

表1-7　滥用代理权

滥用代理权的形式	滥用代理权的内容
自己代理	代理人以被代理人的名义同自己进行的法律行为
双方代理	代理人以被代理人的名义同自己代理的其他人进行的法律行为
恶意串通代理	代理人与第三人恶意串通损害被代理人的利益。根据法律规定，应由代理人和第三人共同负连带责任

以案释法

案例1-8　给下列行为定性

1. 自然人甲委托乙购买生产设备，乙以甲的名义与自己订立合同，把自己的生产设备卖给甲。

2. 甲受乙的委托购买电视机，又受丙的委托销售电视机，甲此时以乙丙双方的名义订立购销电视机合同。

【提示】1为滥用代理权的自己代理；2为滥用代理权的双方代理。

四、表见代理

表见代理是指无权代理人的代理行为客观上存在使相对人相信其有代理权的情况，且相对人主观上为善意，因而可以向被代理人主张代理的效力。

《中华人民共和国合同法》（以下简称《合同法》）规定行为人没有代理权、超越代理

权或者代理权终止后以被代理人名义订立合同，相对人有理由相信行为人有代理权的，该代理行为有效。

以案释法

案例 1-9　表见代理

甲公司委托业务员乙到某地采购电视机，乙到该地发现丙公司的 VCD 机畅销，就用盖有甲公司公章的空白合同与丙公司签订了购买 500 台 VCD 机的合同，双方约定货到付款。货到后，甲公司拒绝付款，引起纠纷。试分析此案例。

【提示】此案涉及表见代理及其法律后果的问题。此案中乙购买 VCD 机的行为没有代理权，但由于其具有甲公司盖有公章的空白合同书，具有外表授权的特征，而使丙公司相信其有代理权并与其签订合同，乙的行为构成表见代理，所以产生有权代理的法律后果。因此，甲公司应接受这批货物并向丙公司付款，如若甲公司因此受到损失，有权向乙追偿。

案例点评

案例 1-7　代理是否有效

（1）委托代理；代理人为乙，被代理人为甲；价格不低于 8 000 元。
（2）无权代理；超越了代理权限；如甲追认则法律后果归甲承担；如甲拒绝追认则法律后果由乙、丙共同承担。

自学自练

王某的代理是否有效

王某原系乙公司的采购员，长期负责乙公司与丙公司的货物采购业务。2008 年 3 月，乙公司与王某解除了劳动关系，但乙公司并未将此情况通知丙公司。2008 年 4 月，王某又以乙公司名义与丙公司订立了货物采购合同，后丙公司按照合同约定供货，乙公司以王某无权代理为由拒收。

【问题】王某的"代理"行为是否有效？乙公司是否有权拒收货物？
【提示】王某的代理构成了表见代理，代理行为有效。行为人没有代理权、超越代理权或者代理权终止后签订了合同，如果相对人有理由相信其有代理权，那么相对人就可以向"被代理人"主张该合同的效力，要求"被代理人"承担合同中所规定的义务。本案中，乙公司虽然与王某解除了劳动合同，但乙公司并没有通知丙公司，丙公司有理由相信王某的行为代表着乙公司，所以乙公司无权拒收货物。

项目四 民事诉讼与民事仲裁制度

举案说法

案例 1-10　民事诉讼的特点

甲本来欠乙 50 万元借款，乙提起诉讼时只要求甲偿还 50 万元本金而没有要求乙一并偿还利息，法院在作出判决时应当尊重乙对债权的处分，判决甲向乙偿还 50 万元，而不应自作主张判决甲向乙偿还 50 万元以及利息。

【问题】这体现了民事诉讼的什么特点？

知识储备

一、民事诉讼的基本制度

民事诉讼是指人民法院在当事人以及其他人员的参与下，按照法律规定认定案件事实并适用法律以解决纠纷、保障当事人合法权益的各种活动的总称。民事诉讼具有以下特点：

1. 诉讼标的的特定性　诉讼标的是双方当事人发生争议，要求法院作出裁判的法律关系。

2. 双方当事人在诉讼上对抗的特殊性　诉讼就是对抗，但在不同的诉讼中，诉讼主体的地位不同。民事诉讼是以依法协调民事权利义务为基础的，双方当事人在实体和程序上的地位是平等的。所以，民事诉讼当事人在诉讼上的对抗具有特殊性。

3. 当事人处分权利的自由性　民事诉讼反映当事人民事权益之争，当事人无论在实体上和程序上，都有依法处分其权利的自由。

4. 解决纠纷的强制性与最终性　民事诉讼是解决民事纠纷的司法手段，它具有强制性和最终性，一方起诉，另一方只能被动地应诉，当事人必须服从和履行最终的生效裁判，否则，将受到法律上的强制执行。

民事诉讼遵循以下重要原则：

（1）当事人诉讼权利平等原则。

（2）诉讼权利义务同等原则和对等原则。

（3）法院调解自愿与合法原则。

（4）辩论原则。

（5）处分原则。

案例 1-11　民事诉讼的地域管辖

小刘与小李是一对已婚夫妻，在同一城市内，双方户口与结婚登记在甲区，居住与工作在乙区。

【问题】离婚诉讼可否由乙区法院管辖？

【提示】可以。根据地域管辖的规定，离婚诉讼应由当事人住所地法院管辖。

二、诉讼时效制度

所谓诉讼时效，是指权利人请求人民法院以强制程序保护其合法权益而提起诉讼的法定有效期限。换言之，权利人在法定期间内不行使权利，持续达到一定期间而致使其请求权丧失强制力或者胜诉权的法律事实。

（一）诉讼时效的种类

1. 普通诉讼时效　我国民事诉讼的普通诉讼时效为两年。

2. 短期诉讼时效　我国《民法通则》第一百三十六条规定，下列时效为 1 年：①身体受到伤害要求赔偿的；②出售质量不合格的商品未声明的；③延付或拒付租金的；④寄存财物被丢失或者损毁的。

3. 长期诉讼时效　长期诉讼时效是指诉讼时效在两年以上 20 年以下的诉讼时效。如《合同法》规定，涉外货物买卖合同和技术进出口合同争议提起诉讼或者申请仲裁的期限为 4 年。

4. 最长诉讼时效　最长诉讼时效为 20 年。我国从权利被侵害之日起计算。

（二）诉讼时效的中止

诉讼时效中止，是指在诉讼时效进行中，因一定的法定事由产生而使权利人无法行使请求权，暂停计算诉讼时效期间。《民法通则》第一百三十九条规定，在诉讼时效进行期间的最后 6 个月，因不可抗力或其他障碍不能行使请求权的，诉讼时效中止。

诉讼时效中止的条件

（1）诉讼时效的中止必须是因法定事由而发生。这些法定事由包括两大类：一是不可抗力，如自然灾害、军事行动等，都是当事人无法预见和克服的客观情况；二是其他阻碍权利人行使请求权的情况。

（2）法定事由发生在诉讼时效期间的最后 6 个月内，则产生中止诉讼时效的效力。法定事由发生在最后 6 个月之前（诉讼时效期间）但持续到最后 6 个月时尚未消失，则应在最后 6 个月时中止诉讼时效的进行；若到最后 6 个月时法定事由已消失，则不能中止诉讼时效的进行。

（3）诉讼时效中止之前已经经过的期间与中止时效的事由消失之后继续进行的期间合并计算。而中止的时间过程则不计入时效期间，为此，民法把时效中止视为诉讼时效完成的暂时性阻碍。我国的诉讼时效中止的效力，从中止时效的原因消除后，时效期间继续计算。中止前已经进行的时效仍然有效，中止时效的法定事由消除后，继续以前计算的诉讼时效至届满为止。

（三）诉讼时效的中断

诉讼时效的中断是指在诉讼时效期间进行中，因发生一定的法定事由，致使已经经过的时效期间统归无效，待时效中断的事由消除后，诉讼时效期间重新起算。

诉讼时效中断的法定事由如下：

（1）提起诉讼。

（2）当事人一方提出请求。

（3）义务人同意履行义务。

以案释法

案例 1-12 诉讼时效期间

2010 年 5 月 5 日，甲拒绝向乙支付到期租金，乙忙于事务一直未向甲主张权利。2010 年 8 月，乙因出差遇险无法行使请求权的时间为 20 天。

【问题】

（1）乙 2010 年 8 月出差遇险耽误的 20 天能否引起诉讼时效的中止？

（2）乙请求人民法院保护其权利的诉讼时效期间应如何判定？

【提示】

（1）只有在诉讼时效期间的最后六个月内（2010 年 11 月 5 日至 2011 年 5 月 5 日）发生不可抗力和其他障碍（出差遇险），才能中止诉讼时效的进行。如果在诉讼时效期间的最后 6 个月前发生不可抗力，至最后 6 个月时不可抗力已消失，则不能中止诉讼时效的进行。因此，乙 2010 年 8 月出差遇险耽误的 20 天不能引起诉讼时效的中止。

（2）拒付租金的，适用于 1 年的短期诉讼时效期间。乙请求人民法院保护其权利的诉讼时效期间应为 2010 年 5 月 5 日至 2011 年 5 月 5 日。

三、仲裁的基本制度

(一)仲裁的概念和特征

仲裁是指双方当事人在争议发生前或者争议发生后达成协议,将争议的事项交由仲裁机构进行审理,并由其作出具有约束力的裁决以解决该项争议的制度。仲裁具有以下特征:仲裁排除诉讼、自愿性、专业性、灵活性、保密性、快捷性、经济性、独立性。

以案释法

案例 1-13 仲裁制度

(1)甲乙订立一项建材采购合同,并在合同中约定若将来在合同履行过程中发生争议,应当由某仲裁委员会对争议进行裁决。后甲虽然依约交货,但乙认为甲所交货物不符合合同约定,甲乙双方就此发生争议。

(2)甲乙在订立采购合同时并未约定合同争议的解决方式,但是在发生争议之后,甲乙双方协商一致由某仲裁委员会对合同争议进行仲裁。

【问题】在上述两种情况下,甲乙双方都可以向法院提起诉讼吗?

【提示】甲乙中的任何一方或者双方应当请求合同中所约定的某仲裁委员会对该项争议进行裁决,甲乙中的任何一方不得擅自向法院提起诉讼。一方擅自向人民法院起诉的,人民法院应当不予受理。

知识链接

仲裁机构

根据《中华人民共和国仲裁法》(以下简称《仲裁法》)的规定,仲裁机构是由直辖市和省、自治区人民政府所在地的市以及其他设区的市的人民政府组织有关部门和商会统一组建的仲裁委员会。仲裁委员会独立于行政机关,与行政机关没有隶属关系,仲裁委员会之间也没有隶属关系。中国仲裁协会是社会团体法人,是仲裁委员会的自律组织。

(二)《仲裁法》的基本原则

(1)自愿原则。

(2)一裁终裁的原则。

(3)或审或裁原则。

(4)仲裁依法独立进行的原则。

(5)公正及时原则。

（6）不公开原则。

（7）当事人双方在适用法律上一律平等的原则。

以案释法

案例 1-14　仲裁的基本原则

小张与小李订立了一份服装购销合同，因为服装质量与合同约定不符，双方发生争执，于是小张请了某仲裁委员会的老张（系其亲戚）为其仲裁。某日，老张公开审理了此案，并作出了裁决。

【问题】此裁决有效吗？

【提示】此裁决无效。根据仲裁法的规定，小李有权要求老张回避；同时本案也违背了仲裁不公开原则。

（三）申请仲裁的条件

当事人申请仲裁，应当具备以下条件：

（1）有仲裁协议。

（2）有具体的仲裁请求和所依据的事实、理由。

（3）属于仲裁委员会受理的范围。

（4）受理仲裁的仲裁机构有管辖权。

知识链接

仲裁协议

仲裁协议是指双方当事人同意把他们之间可能发生或已经发生的争议交付某仲裁机构仲裁的共同意思表示。仲裁协议包括以下内容：

（1）请求仲裁的意思表示。

（2）仲裁事项。

（3）选定的仲裁委员会。

案例点评

案例 1-10　民事诉讼的特点

体现了当事人处分权利的自由性这一特点。法院在民事诉讼中应当尽量尊重当事人对权利的处分，这样才能真正地保障当事人的合法权益。

诉讼时效期间

甲公司对乙公司的权利侵害（拒付租金）发生在 2013 年 1 月 1 日，乙公司于当日知道，则其诉讼时效期间为 2013 年 1 月 1 日至 2014 年 1 月 1 日（适用 1 年的短期诉讼时效期间）。

（1）2013 年 9 月 1 日发生地震，10 月 1 日地震停止。

（2）2013 年 3 月 1 日发生地震，4 月 1 日地震停止。

（3）2013 年 6 月 1 日发生地震，9 月 1 日地震停止。

【要求】根据以上不同假设情况，判定本案例的诉讼时效期间。

【提示】

（1）由于不可抗力发生在诉讼时效期间的最后 6 个月内，从 9 月 1 日暂停计时，10 月 1 日恢复计时。由于暂停了 1 个月，因此，诉讼时效期间顺延至 2014 年 2 月 1 日。

（2）由于不可抗力发生在诉讼时效期间的最后 6 个月前，至最后 6 个月时不可抗力已经消失，当事人至少还有 6 个月的时间提起诉讼，因此不能中止诉讼时效的进行，诉讼时效期间为原来的期间。

（3）由于不可抗力发生在诉讼时效期间的最后 6 个月前，至最后 6 个月时不可抗力仍然继续存在，因此从 7 月 1 日起暂停计时，9 月 1 日恢复计时。虽然不可抗力持续了 3 个月，但诉讼时效暂停的时间为 2 个月，诉讼时效期间向后顺延 2 个月，截止到 2014 年 3 月 1 日。

知识宝库

个人委托书（范本）

委托人：　　　　　　　　性别：　　　　　　身份证号：

被委托人：　　　　　　　性别：　　　　　　身份证号：

本人工作繁忙，不能亲自办理 _____ 的相关手续，特委托 _____ 作为我的合法代理人，全权代表我办理相关事项，对委托人在办理上述事项过程中所签署的有关文件，我均予以认可，并承担相应的法律责任。

委托期限：自签字之日起至上述事项办完为止。

委托人：

　　　　　　　　　　　　　　　　　　年　　月　　日

模块二

物权法律制度

项目一　物权概述
项目二　所有权制度
项目三　用益物权制度
项目四　担保物权制度

《中华人民共和国物权法》（以下简称《物权法》)于 2007 年 3 月 16 日第十届全国人民代表大会第五次会议审议通过，2007 年 10 月 1 日起施行。《物权法》全面体现了中国特色社会主义市场经济的要求，充分尊重我国国情，涉及人民群众生活的方方面面，使国家、集体、私人的物权和其他权利人的物权得到法律保护，有利于整个社会形成鼓励创造财富的积极氛围。

项目一 物权概述

举案说法

案例 2-1 物权归谁所有

王某在某城镇拥有一处私房。2010 年王某以 5 万元价格将此房卖给刘某，双方签订了书面合同后，王某遂将房屋交付刘某居住，但双方基于对对方的信任未办理过户登记手续。后来王某与刘某因其他事情发生纠纷，王某又将该房屋以 7 万元的价格卖给了不知情的赵某，并到房屋管理部门办理了过户登记手续。其后，王某将购房款 5 万元退还给刘某，并要刘某搬出房屋，双方发生争执，刘某诉至法院，请求确认该房屋归其所有，或由王某赔偿损失。

【问题】

（1）刘某与赵某，谁能取得房屋的所有权？

（2）如果本案中，赵某在签订房屋买卖合同时明知刘某与王某之间的交易关系，处理结果是否有所不同？

知识储备

一、物与物权

（一）物

1. 物的概念及特征 民法上的物是指人体之外能满足人的需要并为人能够支配的具有经济价值的物质实体或自然力。我国《物权法》中所说的物是物权的客体，包括不动产和动产。物具有以下特征：客观物质性和可支配性。

2. 物的种类 依据不同的分类标准，物有不同的分类，具体分类见表 2-1。

表 2-1 物的种类

分类标准	类别	内容
依据物是否可以移动	动产与不动产	动产是能够移动并且不因移动而损害其价值的物，如桌子、电视机等

（续）

分类标准	类别	内　　容
依据物是否可以移动	动产与不动产	不动产是指性质上不能移动或虽可移动但移动会损害其价值的物，如土地、房屋
依据物是否具有独立特征	特定物与种类物	特定物是指具有独立特征或被权利人指定而不能以他物替代的物，如一件古董等
		种类物是指以品种、质量、规格或度量衡确定，不需具体指定的物，如级别、价格相同的大米等
依据两个物配合使用过程中的作用	主物与从物	主物是指独立存在，与其他独立物结合使用，并在其中发挥主要效用的物
		从物是指在两个独立物结合使用中处于附属地位、起辅助和配合作用的物。例如，杯子是主物，杯盖是从物；房屋与其门窗因不是独立物则不是主物与从物的关系
依据两个物产生与被产生的关系	原物与孳息	原物是指依其自然属性或法律规定产生新物的物，如产生幼畜的母畜、带来利息的存款等
		孳息是指物或者权益而产生的收益，包括天然孳息和法定孳息

（二）物权

1. 物权的概念与特征　物权是一种财产权，指权利人依法对特定的物享有直接支配和排他的权利，包括所有权、用益物权和担保物权。物权具有如下法律特征：

（1）物权是绝对权。

（2）物权是对世权。

（3）物权属于支配权。

（4）物权是法定的，物权的设定采用法定主义。

（5）物权的客体一般为物。

（6）物权具有追及效力和优先效力。

> **知识链接**
>
> ### 物权的追及力和优先力
>
> 物权的追及力是指物权的标的物无论辗转流向何处，权利人均得追及于物之所在行使其权利，依法请求不法占有人返还原物。
>
> 物权的优先力是指物权与债权同时存在于同一物上时，物权优先于债权，如果同一物上存在着数个物权时，先设立的物权优先于后设立的物权。

2. 物权的种类

（1）所有权和他物权。

（2）用益物权和担保物权。

（3）动产物权和不动产物权。

二、物权法的概念和基本原则

物权法有广义和狭义之分。广义的物权法是指所有规定各种物权调整物质资料占有关系的法律规范的总和。狭义的物权法仅指《中华人民共和国物权法》，该法于 2007年 3 月 16 日经第十届全国人民代表大会第五次会议审议通过，于 2007 年 10 月 1 日起施行。

物权法主要有以下基本原则：

（1）平等保护原则。

（2）物权法定原则。

（3）一物一权原则。

（4）公示公信原则。

知识链接

公示公信原则

公示原则要求物权的存在与变动应当具有法定的公示形式向社会公开，从而使第三人知道物权存在和变动的情况。

公信原则要求各种物权变动取得必须以一种可以公开的能够表现这种物权变动的方式予以公示，则该公示产生了公信力，就具有物权变动的效力。

以案释法

案例 2-2　物权法的基本原则

甲、乙为夫妻，共有一处房产无人居住，但房产证上及房产局的登记簿上均只记载甲一人的名字。

现甲、乙闹离婚。一日，甲背着乙而与第三人丙签订了一份房屋买卖合同。丙将房款交与甲，并与甲一起办理了房产过户登记手续。一段时间后乙才得知此事，诉至人民法院，要求丙返还房屋。

【问题】法院应如何处理？

【提示】

（1）丙取得房屋所有权。丙作为信赖公示的权利状态的第三人（善意且无过失），其取得的物权应该受到法律保护。

（2）乙虽然作为房屋共同共有人享有所有权，但其权利因为未公示，所以不得对抗善意第三人丙，但是乙可以追究甲的损害赔偿责任。

三、占有

占有是指民事主体对物权在事实上的控制和管领。占有首先是一种事实而并非权利，但占有是产生权利的基础。

（一）占有的分类

占有根据不同的标准有不同的分类，具体分类见表2-2。

表2-2　占有的分类

分类标准	类别	内　　容
占有是否依据本权	有权占有和无权占有	有权占有是指基于法律规定或合同约定享有占有某物的权利，可以是物权如所有权、用益物权等，也可以是债权如租赁权等的占有
		无权占有则指没有权利来源地占有，如盗窃他人之物的占有等
占有人的意思	自主占有和他主占有	自主占有是指以所有人的意思对标的物的占有，如甲对自己购买的房屋的占有
		他主占有是指不以所有人的意思对标的物的占有，如借用人对借用的物的占有
占有人是否在事实上控制物	直接占有和间接占有	直接占有是指直接对物进行事实上的管领和控制，如借用人对借用的物的占有
		间接占有是指不直接占有某物，但可以依据一定的法律关系对直接占有某物的人享有返还占有请求权，从而对物形成间接管领和控制，如出借人对借出的物的占有
占有人的主观心理状态	善意占有和恶意占有	善意占有指无权占有人在占有他人财产时，不知道且不应当知道其占有是非法占有的情形
		恶意占有指无权占有人在占有他人财产时明知或者应当知道其占有行为属于非法但仍然继续占有的情形，如小偷占有赃物等

以案释法

案例2-3　占有的种类

　　甲、乙两个是同事，两人拥有外形几乎相同的手机，但甲的手机比乙的"山寨版"手机贵10倍。两人将手机都放在同一办公桌上，某天下班时，乙错拿了甲的手机。

【问题】

（1）乙对该手机的占有是有权占有还是无权占有？

（2）如果乙不知道自己错拿了甲的手机，属于什么占有？

（3）如果乙明知道是甲的手机还拿走，属于什么占有？

【提示】

（1）无权占有；

（2）善意占有；

（3）恶意占有。

（二）无权占有人与返还请求权人的关系

根据《物权法》的规定，在无权占有的情况下，权利人请求返还占有物的，无权占有人与返还请求权人之间产生如下法律效果：

（1）不动产或者动产被占有人占有的，权利人可以请求返还原物及其孳息，但应当支付善意占有人因维护该不动产或者动产支出的必要费用。

（2）占有人因使用占有的不动产或者动产，致使该不动产或者动产受到损害的，恶意占有人应当承担赔偿责任。

（3）占有的不动产或者动产毁损、灭失，该不动产或者动产的权利人请求赔偿的，占有人应当将毁损、灭失取得的保险金、赔偿金或者补偿金等返还给权利人；权利人的损害未得到足够弥补的，恶意占有人应当赔偿损失。

以案释法

案例 2-4　无权占有人与返还请求权人的关系

由于阴天视线不清，乙赶牛回家时错牵了甲的老牛，当晚老牛产下一头小牛。10 天后，甲得知消息找到乙，乙喂养照料老牛、小牛 10 天，草料费支出 300 元。

【问题】

（1）甲是否有权请求乙返还老牛及小牛？

（2）乙是否有权要求甲支付 300 元的材料费？

【提示】

（1）有权。不动产或者动产被占有人占有的，权利人可以请求返还原物及其孳息。

（2）有权。权利人应当支付善意占有人因维护该不动产或者动产支出的必要费用。

四、物权变动

物权的变动是物权的发生、变更和消灭的总称。

（一）不动产的物权变动

1. 不动产物权变动的基本规则　根据我国《物权法》规定，不动产物权的设立、变更、转让和消灭，经依法登记，发生效力，未经登记，不发生效力，但法律规定的除外。依法属于国家所有的自然资源，所有权可以不登记。

2. 不动产物权的登记规则

（1）登记地点。不动产登记由不动产所在地的登记机构办理。

（2）登记簿和权属证书。是权利人享有权利的证明。

（3）更正登记与异议登记。

（4）预告登记。

（5）登记机构禁止行为。要求对不动产进行评估；以年检等名义进行重复登记；超出登记职责范围的其他行为。

另外，不动产登记费按件收取，不能按不动产的面积、体积或者价款的比例收取。

知识链接

更正登记、异议登记及预告登记

1. 更正登记

更正登记是为了保护事实上的权利人的物权，允许真正的权利人或者利害关系人，依据真正的权利状态对不动产登记簿记载的内容进行更正的行为。

2. 异议登记

异议登记是将事实上的权利人以及利害关系人对不动产登记簿记载的权利所提出的异议记入登记簿。异议登记的法律效力是，登记簿上所记载的权利失去正确性推定的效力，第三人也不得主张依照登记的公信力而受到保护。法律对异议登记的有效期间作出了限制，申请人在异议登记之日起15日内不起诉的，异议登记失效。

3. 预告登记

预告登记是指为保全一项请求权而进行的不动产登记。预告登记所登记的，不是不动产物权，而是在将来发生不动产物权变动的请求权。预告登记的本质特征是使被登记的请求权具有物权的效力，预告登记后，未经预告登记的权利人同意，处分该不动产的，不发生物权效力。

（二）动产的物权变动

根据我国《物权法》规定，动产物权的设立和转让，自交付时发生效力，但法律另有规定的除外。动产所有权是以交付作为公示的形式。动产物权交付的方式主要有以下三种（表2-3）。

表2-3　动产物权交付的方式

交付方式	内　　容
简易交付	是指动产物权设立和转让前，权利人已经依法占有该动产的，无需现实交付，物权自法律行为生效时发生变动效力
指示交付	动产物权设立和转让前，第三人依法占有该动产的，负有交付义务的人可以通过转让请求第三人返还原物的权利代替交付
占有改定	动产物权转让时，双发约定由出让人继续占有该动产的，物权自该约定生效时发生效力

案例 2-5　风险由谁来承担

　　2012 年 12 月 12 日，甲将自己的牛借给乙使用。12 月 20 日，乙与甲商定价格 2 000 元要买此牛，甲同意并约定 10 天后乙付钱。12 月 25 日，乙家牛棚因暴雪被压塌，牛被压死。

　　【问题】应由谁来承担这个风险？为什么？

　　【提示】由乙承担这个损失，乙在买卖合同成立前就已占有标的物（牛），表明合同达成就已交付，属于简易交付。动产交付即为公示，所以乙理应承担牛死的风险。

（三）所有权的取得

　　所有权的取得是指所有权因一定法律事实的存在而对特定主体发生的效力。依据是否以他人所有权为前提将所有权划分为原始取得和继受取得。

　　1. 原始取得　原始取得是指依法最初取得财产的所有权或不依赖所有人的意志而取得所有权。原始取得的方式有劳动生产、先占、孳息、添附、善意取得、拾得遗失物、发现埋藏物等方式。

　　2. 继受取得　继受取得，又称"传来取得"，是指财产所有人通过一定法律行为或其他法律事实，从原所有人那里取得某项财产的所有权。继受取得的形式主要有买卖、互易、赠与、继承遗产和接受遗赠等形式。

　　3. 所有权取得的特别规定

　　（1）善意取得。善意，在这里不是善良的意思，是有"不知情"的意思。如甲擅自出售保管或者借来的财产给乙，乙确实不知道甲无权处分这一事实，在这种情况下，乙是善意的。为了维护交易安全和市场秩序，法律规定乙在支付合理的价款后可以取得该财产的所有权。

　　善意取得的构成要件如下：

　　①必须是有无处分权人处分他人财产的行为。

　　②必须是受让人取得财产时出于善意。

　　③必须是转让行为有偿且对价合理。

　　④必须是完成了物权变动手续。

　　善意取得的法律后果如下：

　　①受让人取得财产所有权，原权利人丧失所有权，并不得向受让人追回财产。

　　②不法处分人的非法所得应作为不当得利返还给原权利人，并赔偿原权利人的损失。

知识链接

关于善意取得的特别规定

（1）动产和不动产均适用善意取得制度，但不动产的善意取得以登记为要件。

（2）对于遗失物、漂流物、隐藏物、埋藏物，由于所有权人可以要求返还标的物，因此，原则上不适用善意取得制度。但是在特定情形下，即所有权人超过两年期间仍没有主张原物返还请求权的，有善意取得制度的适用。赃物不适用善意取得制度。

以案释法

案例 2-6　财产取得是否适用善意取得制度

甲有一副名画委托好友乙保管，乙将该画赠与丙。

【问题】丙取得该画是否适用善意取得制度？

甲买一部新手机，被乙偷走后乙又卖给了丙，丙以 1 000 元把手机买走。甲知道后要求丙返还其手机，丙说他是拿钱买来的，是善意取得。

【问题】丙能否主张善意取得？为什么？

【提示】

（1）由于丙属于无偿取得，不适用善意取得制度。

（2）丙不能主张善意取得。赃物不适用善意取得制度。

（2）拾得遗失物。拾得遗失物是指发现他人遗失的动产并予以占有的行为。《物权法》规定，拾得遗失物，应当返还权利人。拾得漂流物、发现埋藏物或者隐藏物的，同样适用拾得遗失物的处理规则。

拾得人与权利人之间的法律关系处理规则如下：

①拾得遗失物，应当返还权利人。拾得人应当及时通知权利人领取，或者送交公安等有关部门。

②拾得人在返还遗失物时，可以要求支付必要费用，但不得要求支付报酬。但遗失人发布悬赏广告，愿意支付一定报酬的，不得反悔。

③有关部门收到遗失物，知道权利人的，应当及时通知其领取；不知道的，应当及时发布招领公告。自发出招领公告之日起 6 个月内无人认领的，遗失物归国家所有。

④拾得人在遗失物送交有关部门前，有关部门在遗失物被领取前，应当妥善保管遗失物。因故意或者重大过失致使遗失物毁损、灭失的，应当承担民事责任。

⑤拾得人拒不返还遗失物，按侵权行为处理。拾得人不得要求必要费用，也无权要求权利人按照承诺履行义务。

如果遗失物通过转让被拾得人以外的第三人占有时，权利人可以主张下列权利：

①权利人有权向无处分权人请求损害赔偿，或者自知道或应当知道受让人之日起两年内向受让人请求返还原物。

②如果受让人通过拍卖或者向具有经营资格的经营者购得该遗失物的，权利人请求返还原物时应当支付受让人所付的费用。权利人向受让人支付费用后，有权向无处分权人追偿。

> **以案释法**
>
> ### 案例 2-7　拾到遗失物怎么办
>
> 某日，甲在街头捡到钱包一个，左等右等不见失主。甲翻看钱包见有 1 000 元现金及失主名片，甲依名片地址打车前往乙住所地将钱包交还失主乙。乙非常感谢。甲提出：来回打的的车费共计 40 元请乙支付，并要求酬金 200 元。乙不允，遂起纠纷。
>
> 【问题】甲的要求有法律依据吗？
>
> 【提示】支付打的费的请求有法律依据，支付酬金的要求无法律依据。拾得人在返还遗失物时，可以要求支付必要费用，但不得要求支付报酬。

五、物权的民法保护

物权的法律保护，是指国家运用各种法定方法保护物权人对财产进行管领和支配的各种权利。保护物权是包括宪法、刑法、行政法、民法在内的我国各个法律部门的共同任务，其中民法的保护是最直接的。

民法对物权的保护方法主要有：

（1）请求确认物权。

（2）请求返还原物。

（3）请求排除妨碍，消除危险。

（4）请求恢复原状。

（5）请求赔偿损失。赔偿损失只有在恢复原状和返还原物均不能实现时，才能适用。

> **以案释法**
>
> ### 案例 2-8　物权的民法保护
>
> 甲将房屋出租给乙，租期为 3 年，租赁期限届满。根据以下不同情况，分析甲如何保护自己的物权。
>
> （1）乙既不返还房屋又不缴纳房租。
>
> （2）甲收回房屋时发现乙将房屋格局做了重大改变。
>
> 【提示】
>
> （1）请求返还原物。
>
> （2）请求恢复原状，如无法恢复，则可请求赔偿损失。

案例点评

案例 2-1 物权归谁所有

(1) 王某与刘某虽然签订了书面的买卖合同,也实际交付了房屋给买受人,但根据《物权法》第九条规定,不动产物权的设立、变更、转让和消灭,经依法登记,发生效力;未经登记,不发生效力,但法律另有规定的除外。因此,刘某虽然实际占有、使用该房屋,但却不是该房屋的合法所有人。在王某又将该房屋转卖给赵某并办理了登记过户手续后,赵某合法取得了房屋所有权,其基于所有权,可以请求刘某搬出房屋,返还原物。刘某基于有效的买卖合同,仅仅取得对王某的债权请求权,该请求权不得对抗赵某的物权,这就是所谓的物权优先性原则。因此,本案正确的处理方式是确认赵某拥有该房屋的所有权,由王某对刘某承担违约责任。

(2) 如果赵某非善意,则王某与赵某的合同为恶意串通损害第三人利益而无效,在目前的法律框架下,赵某就不能取得房屋所有权,王某本人仍是房屋的所有人。

自学自练

表的所有权归谁

某失物招领处将一块招领期已过的高档手表以拍卖的方式卖给了甲。后来被乙偷走后以较低的价格私下卖给丙,丙又把表丢失,被人拾到交给失物招领处,后来也查到这表原为丁所有。

【问题】甲、丙、丁谁能向招领处主张表的所有权?为什么?

【提示】根据一物一权原则,一物之上不能存在两个以上的所有权。该表原为丁所有,但其丢失后没有在招领期内认领,表作为无主财产,国家原始取得拥有其所有权。后有甲继受取得该表的所有权,并实际占有,是合法的所有权人。乙偷走是非法占有,丙以低价私下购买,不符合公开公信的原则,不属于善意取得,不能取得该表的所有权。所以只有甲在招领期内有权向招领处主张该表的所有权。

项目二 所有权制度

案例 2-9 招牌该不该摘

甲、乙是同幢楼上下层邻居。甲住二楼，乙住一楼。2010 年 10 月 30 日，乙在装修房屋时，在一楼腾出一间房屋开了便民店，并将写有商店字号的霓虹灯招牌挂在一楼与二楼之间的外墙上。广告招牌影响了甲的休息，因此甲要求乙摘去商店的招牌，并且不得在一楼开商店，乙不予理会，双方诉至法院。

【问题】

（1）乙可否在一楼开设商店？

（2）甲是否有权要求乙摘去招牌？

知识储备

一、所有权的基本理论

（一）所有权的概念及特征

所有权是指所有权人对自己的不动产或者动产，依法享有占有、使用、收益和处分的权利。所有权是一种最充分的权利，是一种绝对的权利。所有权具有如下特征：

（1）所有权是绝对权。

（2）所有权具有排他性。

（3）所有权是一种最完全的权利。

（4）所有权具有永久性。

（5）所有权具有追及效力和优先效力。

（二）所有权的权能

所有权的权能即所有人对财产依法享有的占有、使用、收益和处分的权利（表2-4）。

表 2-4　所有权的权能

权能	内　　　容
占有权	是对财产的实际占领或控制权,拥有物的前提就是占有,这是财产所有者直接行使所有权的表现。所有人的占有权受法律保护,不得非法侵犯
使用权	是权利主体对财产的利用权,发挥财产的使用价值。拥有物的目的一般是为了使用
收益权	是通过对财产的占有、使用等方式取得的经济效益的权利。使用物并获得收益是拥有物的目的之一
处分权	处分是指财产所有人对其财产在事实上和法律上的最终处置权,如消费、出卖、赠送等。处分权是财产所有人最基本的权利,也是所有权的核心内容

以案释法

案例 2-10　手表应该归谁所有

甲有一手表委托乙保管,乙将手表卖与善意相对人丙,丙又赠与女友丁,丁戴着在街头被戊抢走,戊抢走后不久又遗失于街头,被庚拾得。

【问题】根据《物权法》的规定,谁对该手表享有所有权?

【提示】丙属于善意取得享有所有权,丙有权处分自己的财产,将手表赠与丁,丁依据赠与取得所有权。拾得人庚应当将手表返还权利人丁。

二、所有权的种类

1. 根据生产资料所有制的形式分　所有权分为国家财产所有权、集体财产所有权和个人财产所有权三类。

2. 根据所有的标的物分　所有权分为动产所有权和不动产所有权两类。

3. 根据权利主体数量分　所有权分为单独所有和共有两类。

三、业主的建筑物区分所有权

业主的建筑物区分所有权,指因多层、高层建筑物的出现,各人对住宅等专有部分享有所有权,对电梯、过道等共有部分享有共有和共同管理的权利。

建筑物区分所有权由专有部分所有权、共有部分的权利及成员权三种权利作为一个整体出现。建筑物区分所有权本质属性是单独所有,共有部分及成员权部分均是为单独所有服务的。因此,建筑物区分所有权人在转让其权利时,其他建筑物区分所有权人不享有优先购买权。

(一)业主的建筑物区分所有权包括的范围

(1)业主对建筑物内的住宅、经营性用房等专有部分享有所有权,对专有部分以外的共有部分享有共有和共同管理的权利。

(2)建筑区划内的道路,属于业主共有,但属于城镇公共道路的除外;建筑区划内的绿地,属于业主共有,但属于城镇公共绿地或者明示归个人的除外;建筑区划内的物业服

务用房，属于业主共有。

（3）业主对其建筑物专有部分享有占有、使用、收益和处分的权利，但不得危及建筑物的安全，不得损害其他业主的合法权益。

（4）业主对建筑物专有部分以外的共有部分，享有权利，承担义务，不得以放弃权利不履行义务；业主转让建筑物内的住宅、经营性用房，其对建筑物共有部分享有的共有和共同管理的权利一并转让。

（二）业主共同决定的事项

业主可以设立业主大会，选举业主委员会。业主委员会行使业主的建筑物区分所有权范围内的各项管理。由业主共同决定的事项如下：

（1）制定和修改业主会议议事规则。

（2）制定和修改建筑物及其附属设施的管理规约。

（3）选举和更换业主委员会。

（4）选聘和解聘物业服务机构或者其他管理人。

（5）筹集和使用建筑物及其附属设施的维修资金。

（6）改建、重建建筑物及其附属设施。

（7）有关共有和共同管理权利的其他重大事项。

筹集和使用建筑物及其附属设施的维修资金以及改建、重建建筑物及其附属设施的事项应当经专有部分占建筑物总面积三分之二以上的业主且占总人数三分之二以上的业主同意。决定前款其他事项，应当经专有部分占建筑物总面积过半数的业主且占总人数过半数的业主同意。

以案释法

案例 2-11　业主的建筑物区分所有权

甲、乙、丙、丁分别购买了某住宅楼（共四层）的一至四层住宅，并各自办理了房产证。

【问题】

（1）如果甲出卖其住宅，乙、丙、丁是否享有优先购买权？为什么？

（2）该住宅楼的外墙广告收入应由谁分享？

（3）如四层住户丁欲在楼顶建一花圃，则需要由哪些业主同意？

【提示】

（1）乙、丙、丁不享有优先购买权。业主对建筑物内的住宅、经营性用房等专有部分享有所有权，建筑物区分所有权人在转让其权利时，其他建筑物区分所有权人不享有优先购买权。

（2）该住宅楼的外墙广告收入应由甲、乙、丙、丁分享。业主对专有部分以外的共有部分享有共有和共同管理的权利。

　　（3）如四层住户丁欲在楼顶建一花圃，则需要由专有部分占建筑物总面积三分之二以上的业主且占总人数三分之二以上的业主同意。改建、重建建筑物及其附属设施的事项应当经专有部分占建筑物总面积三分之二以上的业主且占总人数三分之二以上的业主同意。

四、共有

　　某项财产由两个或两个以上的权利主体共同享有所有权称为共有。《物权法》确定的共有方式分为按份共有和共同共有。

（一）按份共有

　　按份共有又称"分别共有"，是指数人按应有份额（部分）对共有物共同享有权利和承担义务的共有。

（二）共同共有

　　共同共有就是各共有人平等地对共有物享受权利和承担义务。共同共有人处分共有的动产或不动产时必须经全体共同共有人同意，但共有人另有约定的除外。

（三）共有物的处分

　　1. 共有物的处分或重大修缮　处分共有的不动产或者动产以及对共有的不动产或者动产作重大修缮的，应当经占份额三分之二以上的按份共有人或者全体共同共有人同意，但共有人之间另有约定的除外。共有人违反前述规定擅自处分共有财产的，如第三人善意有偿取得该财产，则第三人取得该物的所有权。由此给其他共有人造成的损失，由擅自处分共有财产的共有人负责赔偿。

　　2. 共有物的费用负担　对共有物的管理费用及其他负担，有约定的，按照约定；没有约定或者约定不明确的，按份共有人按照其份额负担，共同共有人共同负担。

　　3. 共有财产的分割　对共有财产的分割，由共有人协商确定分割方式。分割方式主要有协议分割、实物分割、变价分割或作价分割。共有财产分割后，共有关系消灭，各共有人就分得财产取得单独的所有权。共同共有财产分割后，原共有人出卖自己分得的财产时，如果出卖的财产与其他原共有人分得的财产属于一个整体或者配套使用，其他原共有人可以主张优先购买权。

　　4. 共有物产生的债权债务　因共有的不动产或者动产产生的债权债务，在对外关系上，共有人享有连带债权、承担连带债务，但法律另有规定或者第三人知道共有人不具有连带债权债务关系的除外。偿还债务超过自己应承担份额的按份共有人，有权向其他共有人追偿。

案例 2-12　房屋所有权归属

王丽与宋飞是继母女关系，宋飞的亲生父亲即王丽的丈夫是宋鹏。宋鹏2008 年去世时，留下夫妻二人共同修建的房屋六间，一直由宋飞和王丽共同居住使用，各住三间。2011 年，宋飞去国外居住，六间房屋遂由王丽单独居住。2013 年，王丽未经宋飞同意，擅自通过熟人将六间房屋的产权变更为自己一人所有。宋飞回国后，要求分割财产，请求法院确认自己对房屋中的一间半拥有所有权。

【问题】本案应如何处理？

【提示】本案中先后有两个不同的共有关系。首先，该六间房屋是宋鹏和王丽共同生活期间修建的，属于夫妻共有财产，且是共同共有。其次，在宋鹏死亡后，王丽和宋飞均是第一顺序的法定继承人，在遗产分割前，理论上一般认为形成各继承人的共有关系。就本案而言，宋鹏死亡后，首先要分割夫妻共有财产，即王丽拥有其中三间房屋的所有权，另外三间房屋作为宋鹏的个人遗产，由王丽和宋飞各继承一间半，宋飞主张自己拥有一间半房屋的所有权有法律依据。

《物权法》规定，处分共有的不动产或者动产以及对共有的不动产或者动产作重大修缮的，应当经占份额三分之二以上的按份共有人或者全体共同共有人同意，但共有人之间另有约定的除外。而王丽在宋飞不知情的情况下，私自将六间房屋过户到自己名下，是对宋飞合法权利的侵害，应当返还原物。

五、相邻关系

（一）相邻关系的概念及种类

相邻关系，是指两个或者两个以上相互毗邻的不动产的所有人或使用人，在行使不动产的所有权或使用权时，因相邻各方应当给予便利和接受限制而发生的权利义务关系。主张相邻关系的当事人，既可以是不动产的所有人，也可以是不动产的使用人。

主要的相邻关系有：

（1）因用水、排水而产生的相邻关系。

（2）因通行产生的相邻关系。

（3）因建造、修缮建筑物以及铺设管道形成的相邻关系。

（4）因通风、采光产生的相邻关系。

（5）因环境保护产生的相邻关系。

（6）相邻防险关系。

（二）处理相邻关系的原则

（1）有利生产、方便生活原则。
（2）互谅互让、团结互助原则。
（3）公平合理、兼顾各方利益原则。

以案释法

案例 2-13 相邻关系

田某家和孙某家承包的土地相邻，田某耕种自家土地时必须经过孙某的土地。2010 年初，两家因一点琐事发生矛盾，自此结怨，孙某不再同意田某从他的土地上通行、排水，否则每年留下"买路钱"1 000 元。

【问题】田某还可以利用孙某家的地通行、排水吗？

【提示】田某承包的土地与孙某承包的土地相邻，而且位于孙某的土地中间，不经过孙某的土地就无法耕种，因而田某和孙某因承包土地形成了相邻关系。《物权法》规定，不动产权利人应当为相邻权利人用水、排水提供必要的便利。对自然流水的利用，应当在不动产的相邻权利人之间合理分配。对自然流水的排放，应当尊重自然流向。不动产权利人对相邻权利人因通行等必须利用其土地的，应当提供必要的便利。本案中，孙某拒绝田某的要求，甚至要求田某交纳"买路钱"，不仅侵害了田某的正当利益，而且是违法的。

案 例 点 评

案例 2-9 招牌该不该摘

（1）乙不得在一楼开商店。《物权法》规定，业主不得违反法律、法规以及管理规约，将住宅改变为经营性用房。业主将住宅改变为经营性用房的，除遵守法律、法规及管理规约外，应当经有利害关系的业主的同意。此处有利害关系的业主，自然包括但不限于乙的左邻右舍；另外，所谓同意，必须是有利害关系的业主的书面同意。

（2）甲有权要求乙摘去广告招牌。《物权法》规定，业主对建筑物专有部分以外的共有部分，享有权利，承担义务，不得以放弃权利不履行义务。业主作为共有所有人的义务之一，便是必须依照共有部分的本来用途使用共有部分。当然，对某些非按其本来用途使用共用部分，但无损于建筑物的保存和不损害区分所有人共同利益的，则应当允许。本案中，乙的对共有外墙壁的使用显然损害了甲的利益，因此，乙的使用行为违反其作为建筑物共有人的义务。

房屋维修费用如何分摊

甲乙两人共同出资购买一套房屋，甲出资 8 万元，乙出资 2 万元。买后甲乙两人共同决定将该房屋出租获取租金收入。

【问题】在租金收入和今后房屋维修费用的负担上甲乙两人如何分配？

【提示】甲乙两人对共有财产享有的权利和承担的义务，是依据其不同的份额确定的。在租金的分配上，甲有权分得租金收入总额的 80%，乙则分得租金收入总额的 20%。反之，在对该房屋维修费用的负担上，甲应负担 80%，而乙则负担 20%。

项目三　用益物权制度

案例 2-14　丙是否享有地役权

甲、乙两村相邻，乙村处在一条小河与甲村之间。甲村为了引河水灌溉自己的 1 000 亩农田、果林，遂与乙村协商，通过乙村修建一条引水渠，作为补偿，甲村每年支付给乙村 5 000 元钱，期限 20 年。双方签订合同并办理了地役权登记。两年后，甲将灌溉区的一处 50 亩的果园承包给村民丙，承包期 15 年。

【问题】　丙对乙村是否享有地役权？为什么？

知识储备

一、用益物权的基本理论

用益物权是指权利人依法对他人的不动产或者动产享有占有、使用和收益的权利。目前在我国，用益物权的对象主要包括土地承包经营权、建设用地使用权、宅基地使用权、地役权和准物权等不动产物权。

用益物权作为一种物权，除了具备物权的一般法律特征以外，又具有自己的一些独特法律特征：

1. 用益物权是一种他物权　用益物权是在他人所有的物上成立的物权，是非所有人根据法律的规定或当事人的约定对他人所有的物享有的使用、收益的权利。因而从其法律性质上讲，用益物权属于他物权。

2. 用益物权是一种不动产物权　用益物权的标的物仅限于不动产，动产上不能成立用益物权，对于动产的使用可以通过借用合同或者借贷合同来进行。

3. 用益物权是以使用和收益为内容的限制物权　用益物权人只能就其标的物进行使用和收益，而不能对其进行相应的处分。用益物权人无权处分用益物权的标的物，但能处分用益物权本身。

4. 用益物权是独立物权　用益物权一旦依当事人约定或法律直接规定设立，用益物权人便能独立地享有对标的物的使用和收益权，除了能有效地对抗第三人以外，也能对抗

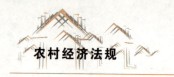
标的物的所有人对其权利行使的干涉。

5. 用益物权是一种有期限的权利　用益物权有一定期限，在其存续期限届满时用益物权就消灭。因此用益物权是一种有期限的权利。

以案释法

案例 2-15　用益物权的法律特征

赵某与村委会签订了村头 10 亩*农田的承包经营合同，在耕种的第二年，赵某打算将该 10 亩农田转包，于是找到了同村的李某，签订了土地转包合同。村委会知道此事后，找到赵某，表示村委会作为 10 亩农田的所有人不同意赵某转包 10 亩农田，认为该转包合同无效。双方产生争议，诉至法院。

【问题】法院应如何判决？

【提示】赵某根据与村委会签订土地承包经营合同，依法取得 10 亩农田的承包经营权。从性质上分析，10 亩农田的所有权人是全村村民，而承包经营权是设立在村委会所有土地之上的用益物权。根据《物权法》规定，用益物权是独立物权，所有权人不得干涉用益物权人行使权利。土地承包经营权人依照《中华人民共和国农村土地承包法》（以下简称《农村土地承包法》）的规定有权将土地承包经营权采用转包的方式流转。因此，在本案中，村委会无权干涉承包经营权人赵某对其承包的 10 亩农田进行转包。

二、主要用益物权介绍

（一）土地承包经营权

土地承包经营权是指土地承包经营权人依法对农民集体所有和国家所有由农民集体使用的耕地、林地、草地等享有占有、使用和收益的权利。土地承包经营权的承包人原则上是土地所属的集体经济组织的成员，其权利客体是农业用地。

承包经营权通过订立承包合同方式确立。土地承包经营权自土地承包经营权合同生效时设立。根据我国《物权法》的规定，耕地的承包期为 30 年，草地的承包期为 30 至 50 年，林地的承包期为 30 至 70 年；特殊林木的林地承包期，经国务院林业行政主管部门批准可以延长。

在承包经营期限内，土地承包经营权人有权依照法律规定采取转包、出租、互换、转让等方式流转土地承包经营权，流转期限不得超过承包期的剩余期限。流转没有办理登记手续的，不得对抗善意第三人。

（二）建设用地使用权

建设用地使用权是指建设用地使用权人依法对国家所有的土地享有占有、使用和收益

＊　亩为非法定计量单位，1 亩≈667 米²。——编者注

的权利，有权利用该土地建造建筑物、构筑物及其附属设施。建设用地使用权是用益物权中的一项重要权利。

建设用地使用权人通过出让或者划拨的方式取得国家所有的土地使用和收益的权利，有权利用该土地建造建筑物、构筑物及其附属设施。建设用地使用权的设立必须向登记机构办理登记，登记是设立、变更、转让、消灭建设用地使用权的生效条件。新设立的建设用地使用权，不得损害已经设立的用益物权人的权利。

权利人取得建设用地的使用权后，除法律另有规定的以外，有权将建设用地使用权转让、互换、出资、赠与或者抵押。在转让、互换、出资、赠与时，附着于该土地上的建筑物、构筑物及其附属设施一并处分。住宅建设用地使用权期限届满的，自动续期。

（三）宅基地使用权

宅基地使用权是指宅基地使用权人依法对集体所有的土地享有占有和使用的权利，有权依法利用该土地建造住宅及其附属设施。

宅基地使用权人可以将建造的住房转让给本集体内符合宅基地使用权分配条件的村民；住房转让时，宅基地使用权一并转让。一户只能拥有一处宅基地。

（四）地役权

地役权是指地役权人因通行、取水、排水等需要，通过签订合同约定，利用他人的不动产，以提高自己不动产效益的权利。为他人不动产利用提供便利的不动产称为供役地，而享有地役权的不动产称为需役地。地役权与需役地之间具有从属性和不可分性。

地役权自地役权合同生效时设立，当事人要求登记的，可以向登记机关申请地役权登记，不登记不得对抗善意第三人。地役权的期限由当事人约定，但不得超过土地承包经营权、建设用地使用权等用益物权的剩余期限。

> **知识链接**
>
> #### 地役权与相邻关系
>
> 地役权与相邻关系很容易混淆，但两者存在本质的不同。地役权是根据地役权人与供役地权利人自愿达成协议而产生的，是地役权人通过利用他人的不动产而使自己的不动产获得更大的效益。而相邻关系是基于法律直接规定而产生，是法律要求一方必须要向另一方提供便利，是维护正常生活和生产的最低需要。

（五）准物权

准物权具体包括海域使用权、探矿权、采矿权、取水权和使用水域、滩涂从事养殖、捕捞的权利。

以案释法

案例2-16　地役权

伍某1993年7月8日承包了A土地，承包经营权期限为30年。2003年，林某承包了与A土地相邻的B土地。两土地之间没有公用道路，若想到达B土地，经过A土地是最佳路线。所以林某与伍某协商经过A土地到B土地事宜，同时愿意提供给伍某适当的补偿。

【问题】如果合同中没有规定地役权的期限，B土地的地役权最长可以持续多长时间？

【提示】根据《物权法》规定，地役权的期限由当事人约定，但不得超过土地承包经营权、建设用地使用权等用益物权的剩余期限。伍某是在1993年7月8日获得土地承包经营权的，期限30年，所以，2023年7月8日，伍某的土地承包经营权到期终止，地役权的期限不得超过土地承包经营权的期限。那么林某所享有的地役权最迟在2023年7月8日终止。

案例点评

案例2-14　丙是否享有地役权

丙对乙村享有地役权。土地所有权人享有地役权或者负担地役权的，设立土地承包经营权、宅基地使用权时，该土地承包经营权人、宅基地使用权人继续享有或者负担已设立的地役权。

自学自练

区分地役权与相邻关系

甲、乙两个工厂相邻，甲工厂为了自己的职工上下班方便，想再开一个门，但甲工厂职工从新开的门上下班就必须通过乙工厂的土地。于是甲乙两厂约定，甲厂向乙厂支付一定的使用费，乙工厂允许甲工厂的职工在自己的土地上通行。

【问题】甲和乙之间的约定是关于地役权还是相邻关系？

【提示】甲和乙之间约定是关于地役权的约定，乙厂的地就是供役地，甲厂的地就是需役地。

项目四 担保物权制度

案例 2-17 担保物权

甲向乙借款 5 万元，并以一台机器作抵押，办理了抵押登记。随后，甲又将该机器质押给丙。丙在占有该机器期间，将其交给丁修理，因拖欠修理费而被丁留置。

【问题】

(1) 抵押权是否成立？为什么？

(2) 质押权是否成立？为什么？

(3) 留置权是否成立？为什么？

(4) 乙、丙、丁三人之间的受偿顺序如何？为什么？

知识储备

一、担保物权概述

担保物权指在借贷、买卖等民事活动中，债务人或者第三人将自己所有的财产作为履行债务的担保。债务人未履行债务时，债权人依照法律规定的程序就该财产优先受偿的权利。

担保物权除具有物权的一切法律特征外，与用益物权相比，担保物权还具有如下的特征：

(1) 担保物权以确保债务的履行为目的。

(2) 担保物权以支配标的物的价值为其内容。

(3) 担保物权的标的物必须是特定物。

(4) 担保物权具有从属性。

(5) 担保物权具有不可分性。

二、抵押

(一) 抵押的概念

抵押是指债务人或者第三人不转移对特定财产的占有，将该财产作为债权的担保，当

债务人不履行债务时，债权人有权依照法律规定，以该财产折价或者以拍卖、变卖该财产的价款优先受偿。该债务人或者第三人为抵押人，债权人为抵押权人，提供担保的财产为抵押物。抵押属于物保，以不转移的特定财产的价值为债权的清偿作担保。

（二）抵押物

关于抵押物的法律规定见表 2-5。

表 2-5　抵押物的法律规定

抵押物	内　容
可以抵押的财产	抵押人所有的房屋和其他地上定着物
	抵押人所有的机器、交通运输工具和其他财产
	抵押人依法有权处分的国有的土地使用权、房屋和其他地上定着物
	抵押人依法有权处分的国有的机器、交通运输工具和其他财产
	抵押人依法承包并经发包方同意抵押的荒山、荒沟、荒丘、荒滩等荒地的土地使用权
	依法可以抵押的其他财产
不得抵押的财产	土地所有权
	耕地、宅基地、自留地、自留山等集体所有的土地使用权
	学校、幼儿园、医院等以公益为目的的事业单位、社会团体的教育设施和其他社会公益设施
	所有权不明或者有争议的财产
	依法被查封、扣押、监管的财产
	依法不得抵押的其他财产

（三）抵押合同

抵押由抵押人和抵押权人以书面形式签订抵押合同。对于某些特定财产的抵押，抵押合同自登记之日起生效。如土地使用权的抵押，船舶、车辆的抵押。以不需要登记的财产作抵押的，可以自愿办理抵押物登记，抵押合同自签订之日起生效。当事人未办理抵押物登记的，不得对抗善意第三人。

（四）抵押的范围

抵押担保的范围包括主债权及利息、违约金、损害赔偿金和实现抵押权的费用。抵押合同另有约定的，按照约定。

（五）抵押权的实现

当债务人不履行债务的，债权人有权依法以该抵押物折价或者以拍卖、变卖该财产的价额优先受偿。

1. 同一财产向两个以上债权人抵押的　拍卖或变卖的价款按以下规定清偿：

（1）抵押合同已登记生效的，按照抵押物登记的先后顺序清偿；顺序相同的，按照债权比例清偿。

（2）抵押合同自签订之日起生效的，该抵押物已登记的，按前述规定清偿；未登记的，按照合同生效时间的先后顺序清偿，顺序相同的，按照债权比例清偿。抵押物已登记的先于未登记的受偿。

2. 同一债权有两个以上抵押人的　当事人对其提供的抵押财产所担保的债权份额或者顺序没有约定或约定不明确的，抵押权人可以就其中任一或者各个财产行使抵押权。

以案释法

案例 2-18　抵押

甲向乙借款 20 万元，甲的朋友丙、丁二人先后以自己的轿车为乙的债权与乙签订了抵押担保合同，并依法办理了抵押登记。但都未与乙约定所担保的债权份额及顺序，两辆轿车均为 15 万元。

【问题】

(1) 抵押担保合同是否生效？

(2) 若甲到期未履行债务，乙可以怎样行使抵押权？

【提示】

(1) 抵押担保合同成立并生效。因为抵押担保合同的双方当事人意思表示一致。《中华人民共和国担保法》(以下简称《担保法》) 规定，抵押人和抵押权人应当以书面形式订立抵押合同。《物权法》规定，当事人之间订立有关设立、变更、转让和消灭不动产物权的合同，除法律另有规定或者合同另有约定外，自合同成立时生效；未办理物权登记的，不影响合同效力。

(2) 若甲到期未履行债务，乙可以就任一辆轿车行使抵押权，再就另一辆轿车行使抵押权弥补不足；也可以同时就两辆轿车行使抵押权，各实现任意比例债权。同一债权有两个以上抵押人的，当事人对其提供的抵押财产所担保的债权份额或者顺序没有约定或约定不明确的，抵押权人可以就其中任一或者各个财产行使抵押权。抵押人承担担保责任后，可以向债务人追偿，也可以要求其他抵押人清偿其应当承担的份额。

三、质押

(一) 质押的概念

质押是指债务人或者第三人将财产或权利移交给债权人占有，当债务人不履行债务时，债权人有权依法以该财产折价或者以拍卖、变卖该财产的价款优先受偿。该债务人或者第三人为出质人，债权人为质权人，移交的动产为质物。

(二) 质押的形式

质押包括动产质押和权利质押。

1. 动产质押　动产质押是指债务人或者第三人将其动产移交债权人占有，将该动产

作为债权的担保，债务人不履行债务时，债权人有权依照我国《担保法》规定以该动产折价或者以拍卖、变卖该动产的价款优先受偿。

2. 权利质押　权利质押是指以汇票、支票、本票、债券、存款单、仓单、提单，依法可以转让的股份、股票，依法可以转让的商标专用权、专利权、著作权中的财产权，依法可以质押的其他权利等作为质押权的担保。

（三）质押合同的生效

质押应由出质人和质权人签订书面合同。自质物移交债权人占有时生效。以股票、股份、商标专用权以及专利权、著作权中的财产权出质的，应当向有关部分办理出质登记，质押合同自登记之日起生效。

（四）质押的范围

质押担保的范围包括主债权及利息、违约金、损害赔偿金、质物保管费和实现质权的费用。质押合同另有约定的，按照约定。

以案释法

案例 2-19　质押合同是否生效

章某向王某借款，并以自己拥有的一台高级照相机出质，二人签订了借款合同和质押合同。章某按约定将该相机交付给王某。

【问题】质押合同的效力如何？

【提示】质押合同生效。质押应由出质人和质权人签订书面合同，自质物移交债权人占有时生效。

四、留置

（一）留置的概念

留置是指债权人按照合同约定占有债务人的财产，债务人不按照合同约定的期限履行债务的，债权人有权依法扣留并处置该财产，并以该留置财产折价或者以拍卖、变卖该财产的价款优先受偿。留置是担保物权，是以留置物的价值作担保。

（二）留置的适用

留置是一种法定担保方式，在符合法律规定的条件时，无需债权人和债务人达成协议，债权人即可行使留置权。法律规定，留置适用于保管合同、运输合同、加工承揽合同。

（三）留置权的实现

债权人与债务人应当在合同中约定，债权人留置财产后，债务人应当在不少于两个月的期限内履行债务。债权人与债务人在合同中未约定期限的，债权人留置债务人财产后，应当确定两个月以上的期限，通知债务人在该期限内履行债务。如果债务人逾期不履行的，债权人可以与债务人协议以留置物折价，也可以依法拍卖、变卖留置物，从所得的价款中优先受偿。

知识链接

各种担保物权的受偿顺序

《物权法》规定，同一动产上已设立抵押权或者质权，该动产又被留置的，留置权人优先受偿。已经法定登记的抵押权优于质权受偿，质权优于未登记的抵押权受偿。

以案释法

案例 2-20　乙有无留置权

甲委托乙为其保管一批原材料。保管期满，甲以资金周转紧张为由，要求暂缓交付保管费。乙便拒绝甲取走该批原材料，要求甲在 3 个月内履行债务，否则将以该批原材料折抵保管费。

【问题】乙的行为是否符合法律规定？

【提示】在保管合同中，债务人不按照约定的期限履行债务的，债权人有权留置依法占有的该债务人的动产，以该财产折价或者以拍卖、变卖该财产的价款优先受偿。所以乙的行为符合法律规定。

案例点评

案例 2-17　担保物权

（1）抵押权成立。我国《物权法》规定，动产抵押权成立于动产抵押合同成立生效时，在登记后获得对抗第三人的效力。本案中，机器抵押权因抵押合同生效而成立，因登记而具备对抗第三人的效力。

（2）质押权成立。我国《物权法》规定，动产质押于动产交付时成立。本案中的机器已经交付质权人，故成立。

（3）留置权成立。我国《物权法》规定，债务人不履行到期债务，债权人可以留置已经合法占有的债务人的动产，并有权就该动产优先受偿。前款规定的债权人为留置权人，占有的动产为留置财产。债权人留置的动产，应当与债权属于同一法律关系，但企业之间留置的除外。本案中，因拖欠修理费机器被留置属于同一法律关系，故留置权成立。

（4）乙优先于丙受偿；丁优先于乙受偿。乙的抵押权因早于丙的质押权，而抵押权和质押权可以并存，所以乙优先于丙受偿。丁的留置权因是法定的担保物权，所以丁的留置权又优先于乙的抵押权。《物权法》规定，同一动产上已设立抵押权或者质押权，该动产又被留置的，留置权人优先受偿。

 ·············

担保物权的各种关系

冯某系养鸡专业户，为改建鸡舍和引进良种需要资金 20 万元。冯某向陈某借款 10 万元，以自己的一套 10 万元的音响设备抵押，双方立有抵押字据，但未办理登记。冯某又向朱某借款 10 万元，又以该音响设备质押，双方立有质押字据，并将设备交付朱某占有。冯某得款后，改造了鸡舍，且与县良种站签订了良种鸡引进合同。合同约定良种鸡价款 2 万元，冯某预付定金 4 000 元，违约金按合同总额的 10% 计算，冯某以销售肉鸡的款项偿还良种站的货款。合同没有明确约定合同的履行地点。后来，县良种站将良种鸡送交冯某，要求支付运费，冯某拒绝。因发生不可抗力事件，冯某预计的收入落空，冯某因不能及时偿还借款和支付货款而与陈某、朱某及县良种站发生纠纷。诉至法院后，法院查证上述事实后又查明：朱某在占有该音响设备期间，不慎将该设备损坏，送蒋某修理。朱某无力交付修理费 1 万元，现设备已被蒋某留置。

【问题】

（1）冯某与陈某之间的抵押关系是否有效？为什么？

（2）冯某与朱某之间的质押关系是否有效？为什么？

（3）朱某与蒋某之间是何种法律关系？

（4）对该音响设备，陈某要求行使抵押权，蒋某要求行使留置权，应由谁优先行使其权利？

（5）冯某无力支付县良种站的货款，合同中规定的定金条款和违约金条款可否同时适用？

【提示】

（1）有效。冯某与陈某之间立有抵押字据，且抵押物并非必须办理登记的土地使用权、房地产、林木等，故该字据有效。

（2）有效。双方立有质押字据，且质物已移交质权人占有。

（3）朱某与蒋某之间是承揽合同关系、留置关系。朱某与蒋某之间因承揽合同发生的债权发生留置关系，朱某是债务人，蒋某是债权人、留置权人。

（4）应由蒋某优先行使留置权。因抵押物未办理登记，不得对抗第三人，故陈某不能优先行使其权利。陈某与蒋某之间，蒋某的留置权有优先权。

（5）不可以。依据《合同法》规定，在合同中既约定违约金，又约定定金的情形下，当事人只能选择适用其中的一种。

知识宝库

抵押合同（范本）

抵押权人（以下简称甲方）：

身份证号码：

家庭地址：

联系电话：

抵押人（以下简称乙方）：

身份证号码：

家庭地址：

联系电话：

为确保甲方与债务人_____签订的编号为_____的《借款合同》（以下简称主合同）的履行，保障甲方债权的实现，乙方愿意以其所有的_____（简称乙方抵押物）作为借款抵押物抵押给甲方，为明确双方权利义务，经甲乙双方协商一致，特订立本合同。

第一条　抵押财产

1. 乙方提供的抵押财产是：_____（以下称抵押物）。

共有人均同意以抵押物为主合同项下债权提供抵押担保。

共有人：_____（签字）

2. 抵押财产的详细情况以本合同所附"抵押物清单"为准。

3. 抵押权的效力及于抵押物及其从物、从权利、附着物、附合物、加工物、孳息及代位物。

第二条　担保的主债权及担保范围

1. 担保的主债权为编号为的主合同项下的本金_____元人民币（大写金额），利息计算方式为_____，借款期限为自_____年____月____日起至_____年____月____日止。

2. 乙方担保的范围为主合同项下本金及利息、违约金、损害赔偿金和实现债权的费用。实现债权的费用包括但不限于催收费用、诉讼费、抵押物处置费、过户费、保全费、公告费、执行费、律师费、差旅费、保险费及其他费用。

第三条　抵押物的登记

如果本合同项下的抵押物属于法律规定需以登记为生效要件，乙方应在本合同签订后____日内，立即向登记机关办理本合同项下抵押物的抵押登记手续，并在登记手续办妥后3日内将他项权利证明、抵押登记证明文件正本及抵押物权属证明正本交抵押权人保管。

第四条 保险

1. 乙方应为抵押物投保，保险金额不低于抵押物的评估价值，保险期限不短于主合同项下债务履行期限，并应指定甲方为保险权益的第一受益人。保险手续办妥后，乙方应将保单正本交甲方保管。

2. 在本合同有效期内，乙方应按时支付所有保费，并履行维持保险的有效存续所必需的其他义务。

3. 抵押人未能投保或续保的，抵押权人有权自行投保、续保，代为缴付保费或采取其他保险维持措施。抵押人应提供必要协助，并承担抵押权人因此支出的保险费和相关费用。

第五条 乙方的陈述与保证

1. 签署和履行本合同是乙方真实的意思表示，并经过所有必需的同意、批准及授权，不存在任何法律上的瑕疵。

2. 乙方在签署和履行本合同过程中向甲方提供的全部文件、资料及信息是真实、准确、完整和有效的。

3. 乙方对抵押物享有充分的处分权，若抵押物为共有的，其处分已获得所有必要的同意。

4. 抵押物不存在任何权利瑕疵，未被依法查封、扣押、监管，不存在争议、抵押、质押、诉讼（仲裁）、出租等情况。

第六条 乙方的义务

1. 抵押物有损坏或者价值明显减少的可能，乙方应及时告知甲方并提供新的担保。

2. 乙方应承担本合同项下有关抵押物的评估、登记、公证、鉴定、保险、保管、维修及保养等费用。

3. 乙方应合理使用并妥善保管抵押物，不应以任何非正常的方式使用抵押物，应定时维修保养以保证抵押物的完好，并按甲方的要求办理保险。

4. 未经甲方书面同意，乙方不应有任何使抵押物价值减损或可能减损的行为；不应以转让、赠与、出租、设定担保物权等任何方式处分抵押物。

5. 乙方应配合甲方对抵押物的使用、保管、保养状况及权属维持情况进行检查。

6. 乙方应在出现下列情形之一时____日内，立即书面通知甲方：

（1）抵押物的安全、完好状态受到或可能受到不利影响；

（2）抵押物权属发生争议；

（3）抵押物在抵押期间被采取查封、扣押等财产保全或执行措施；

（4）抵押权受到或可能受到来自任何第三方的侵害；

（5）乙方的工作、收入发生重大变化。

7. 乙方应配合甲方实现抵押权并不会设置任何障碍。

8. 主合同变更的，乙方仍愿承担担保责任。

第七条 抵押权的实现

债务人未按时足额偿还借款本金及利息时，甲方有权依法拍卖、变卖抵押物，并以所得价款优先受偿。

第八条 保证条款

1. 因下列原因致使抵押权不成立或未生效的，乙方应对债务人在主合同项下的债务承担连带保证责任：

（1）抵押人未按第三条约定办理抵押物登记手续；

（2）抵押人在第五条项下所作陈述与保证不真实；

（3）因抵押人方面的其他原因。

2. 甲方宣布主合同项下债务全部提前到期的，以其宣布的提前到期日为债务履行期限届满日。

3. 本保证条款的效力独立于本合同其余条款，本保证条款的生效条件为：本合同项下抵押权因第八条 1 项所列原因未成立或不生效。

第九条 争议解决

本合同项下争议双方应协商解决，协商不成，任何一方起诉，均需向本合同签订地人民法院起诉。

质押合同（范本）

出质人名称：　　　　　　　　　　　　　　　　　　　（以下简称甲方）

住所：　　　　　电话：

法定代表人：

开户金融机构及账号：

电话：　　　　　邮政编码：

传真：

质权人名称：　　　　　　　　　　　　　　　　　　　（以下简称乙方）

住所：　　　　　电话：

法定代表人：

电话：　　　　　邮政编码：

传真：

第一章 总则

为确保_____年_____字第_____号人民币资金借款合同（以下简称借款合同）的履行，甲方愿意以其有权处分的动产/权利作质押。乙方经审查，同意接受甲方的财产/权利质押。甲、乙双方经协商一致，订立本合同。

第二章 被担保借款的种类、金额

第一条 甲方以其自有动产/权利为借款合同项下金额为人民币（大写）_____元（￥），期限为_____（月/年）的_____（短期贷款/中期贷款/长期贷款）作质押。

第三章 质押担保的范围

第二条 质押担保的范围包括借款合同项下贷款本金及利息、违约金、损害赔偿金、质物保管费用和乙方为实现质权而发生的费用及所有其他应付费用。

第四章 质押期限

第三条 本合同履行期限自本合同生效之日起至借款合同项下贷款本金及利息、违约

金、损害赔偿金、质物保管费用和乙方为实现质权而发生的费用及所有其他应付费用全部结清之日止。

第五章　质物情况

第四条　本合同项下的质押动产名称_____数量_____，质量_____，状况_____，所有权权属或使用权权属_____（详见动产清单及权利有效证书）。

本合同项下的质押权利为_____（详见权利清单及权利有效证书）。

第五条　本合同项下质押动产/权利共作价（大写）_____元整，质押率为百分之_____。

第六章　质押动产/权利的保管方式和保管责任

第六条　甲方在本合同签订后的_____个营业日内将质押动产移交乙方占有，并向乙方一次性支付_____元整的保管费。

甲方以权利质押的，应向乙方交付权利凭证或双方共同办理权利质押登记移交手续。

第七条　乙方应妥善保管质物。因保管不善致使质物灭失或者毁损，乙方应承担民事责任。

乙方不能妥善保管质物可能致使其灭失或者毁损的，甲方可以要求乙方将质物提存或者要求提前清偿债权而返还质物。

第七章　质权的实现

第八条　甲方应乙方要求，对质押动产中的_____办理以乙方为第一受益人的财产保险，并将保险单交乙方保存，投保期应长于借款合同约定的借款期限。若借款合同项下借款延期，甲方须办理延长投保期的手续，保险财产如发生灾害损失，乙方有权从保险赔偿中优先收回质押贷款。

第九条　甲方用作质押的有价证券等权利凭证，在质押期内到期的处理方式，甲、乙双方约定如下：_____。

第十条　本合同项下的有关保险、公证、鉴定、评估、登记、运输及保管等费用由甲方和/或借款合同项下上述费用的义务承担人承担。

第十一条　本合同生效后，如需延长借款合同项下借款期限，或者变更借款合同其他条款，应经出质人同意并达成书面协议。

第十二条　在本合同有效期内，甲方不得出售、馈赠和遗弃质物；甲方转移、出租、再质押或以其他任何方式处理或转移本合同项下质物的，应取得乙方同意并就有关事项达成书面协议。

第十三条　在本合同有效期内，甲方如发生分立、合并，由变更后的机构承担或分别承担本合同项下义务。甲方被宣布解散或破产，乙方有权提前处分其质押动产/权利。

第十四条　质物有损坏或者价值明显减少的可能，足以危害乙方权利的，乙方有权要求甲方提供相应的担保。甲方不提供的，乙方有权拍卖或者变卖质物，并与甲方协议将拍卖或者变卖所得的价款用于提前清偿所担保的债权或者向与甲方约定的第三人提存。

第十五条　质权因质物灭失所得的赔偿金，视为出质财产。乙方有权优先抵偿甲方所担保的债权，不足以抵偿的部分，乙方有权另行追索。

第十六条　出现下列情况之一时，乙方有权按协议转让方式或其他法定方式处分质押动产/权利：

一、借款合同约定的还款期限已到，借款人未依约归还借款本息或展期期限已到，借款人仍不能归还借款本息；

二、借款人被宣布解散或破产；

三、借款人死亡而无继承人履行合同或继承人放弃继承的。

处理质物所得价款，不足以偿还贷款本金及利息、违约金、损害赔偿金、质物保管费用和乙方为实现质权而发生的费用及所有其他应付费用的，乙方有权另行追索；价款偿还贷款本息和相应费用有余的，乙方应退还给甲方。

第十七条　本合同生效后，甲、乙任何一方不得擅自变更或解除合同，需要变更或解除合同时，应经双方协商一致，达成书面协议。协议未达成前，本合同各条款仍然有效。

第十八条　甲方为借款合同项下借款人以外的第三人，在乙方实现质权后，有权向借款合同项下借款人追偿。

第十九条　乙方对本合同项下质押动产/权利所拥有的质权不因甲方法律地位、财务状况的改变、甲方与任何单位签订任何协议或文件及本质押合同所担保的主合同的无效或解除而免除。

第八章　质权的撤销

第二十条　借款合同项下借款人按合同约定的期限归还借款本息及相关应付费用或提前归还借款本息及相关应付费用的，质权自动撤销，乙方保管的甲方动产/权利和财产保险单应退还给甲方。

第九章　违约责任

第廿一条　按照本合同约定，由乙方保管的质押动产/权利因保管不善造成毁损，甲方有权要求乙方恢复质押动产原状，或者要求乙方赔偿其因此而遭受的损失。

第廿二条　甲方因隐瞒质押动产/权利存在共有、争议、被查封、被扣押或已经设定过抵押（质）权等情况而给乙方造成经济损失的，应给予赔偿。

第廿三条　甲方违反本合同第八条、第十二条约定，乙方有权停止发放借款合同项下的贷款或视情况提前收回已发放的贷款本息。

第廿四条　在本合同有效期内，未经出质人同意，变更借款合同条款或转让借款合同项下义务的，甲方可自行解除本合同，并要求乙方退回由乙方保管的质物。

第廿五条　甲、乙任何一方违反本合同第十七条约定，应向对方支付借款合同项下贷款本金及利息总额百分之＿＿＿＿＿的违约金。

第廿六条　本合同所列违约金的支付方式，甲、乙双方商定如下：＿＿＿＿＿（主动划付对方账户/直接扣收）。

第廿七条　双方商定的其他事项：＿＿＿＿＿＿＿＿＿＿＿＿＿＿＿＿＿＿。

第十章　争议的解决

第廿八条　甲、乙双方在履行本合同中发生争议，由双方协商或通过调解解决。协商或调解不成，可以向乙方所在地人民法院起诉，或者向乙方所在地的合同仲裁机构申请仲裁。

第十一章　合同的生效与终止

第廿九条　本合同由甲、乙双方法定代表人或其授权代理人签字并加盖单位公章及完备法定手续之日起生效，至借款合同项下贷款本金及利息、违约金、损害赔偿金、质物保管费用和乙方为实现质权而发生的费用及所有其他应付费用全部清偿时自动失效。

第十二章　附则

第三十条　本合同一式二份，甲、乙双方各执一份，具有同等法律效力。

第卅一条　本合同于＿＿＿＿＿＿年＿＿＿＿＿＿月＿＿＿＿＿＿日在＿＿＿＿＿＿＿签订。

附：质押动产/权利清单及权利有效证书一式＿＿＿＿＿＿份。

甲方：公章　　　　　　　　　　　　乙方：公章

法定代表人（或其授权代理人）　　　法定代表人（或其授权代理人）

签字：　　　　　　　　　　　　　　签字：

　　　　　　年　月　日　　　　　　　　　　　　年　月　日

注：如果合同当事人为非法人单位，应由其主要负责人或主要负责人授权的代理人签字。

模块三

合同法律制度

在市场经济条件下，从个人投资、购车、买房、娱乐等衣食住行到企业资金的筹措、原材料的采购、产品的国内外销售等都离不开合同。《中华人民共和国合同法》是规范市场交易的基本法律，是与企业、公司的生产经营和个人生活密切相关的法律，是市场经济条件下人们维护自己合法权益的最有效和最普遍的法律工具。

项目一　合同的基本理论

案例 3-1　合同的基本理论

在学习合同的基本理论时，几位学员在一起讨论。张某说："合同是一种协议，所以凡协议就要受合同法调整。"李某说："你说的不一定正确，签订合同是平等自愿的，所以合同就应是等价有偿的。"王某说："你说的有道理，所以合同双方当事人意思表示一致，合同即成立。"

【问题】三名学员的观点对吗？

知识储备

一、合同的概念、特征及分类

（一）合同的概念和法律特征

合同是指平等主体的自然人、法人、其他组织之间设立、变更、终止民事权利关系的协议。合同的法律特征如下：

（1）合同是当事人各方在平等、自愿的基础上产生的民事法律行为。

（2）合同是两方以上当事人的意思表示一致的民事法律行为。

（3）合同是以设立、变更、终止民事权利义务关系为目的的民事法律行为。

（二）合同的分类

合同按照不同的标准，可以有不同的分类，具体分类见表 3-1。

表 3-1　合同的分类

标准	分类	含义	举例
法律是否规定统一的名称和相应规范	有名合同	法律、法规规定了具体名称和调整范围的合同	买卖合同、借款合同等 15 种有名合同
	无名合同	法律、法规尚未规定具体名称和调整范围的合同	

（续）

标准	分类	含　义	举　例
合同的成立是否以交付标的物为要件	诺成合同	双方当事人意思表示一致即告成立的合同	买卖合同、借款合同
	实践合同	除当事人的意思表示一致外，还须交付标的才能成立的合同	保管合同、运输合同
当事人取得权利是否以偿付为代价	有偿合同	必须偿付代价才能享有权利的合同	买卖合同、承揽合同
	无偿合同	不必偿付代价而享有权利的合同	赠与合同
合同的成立是否需要特定形式	要式合同	据法律、法规或者当事人的约定应当采取特定形式或手续的合同	房产买卖合同
	非要式合同	不需要特定形式或手续即可成立的合同	
当事人双方权利、义务的分担方式	双务合同	当事人双方都享有权利并承担义务的合同	买卖合同、运输合同
	单务合同	当事人一方只享受权利不承担义务的合同	赠与合同
合同能否独立存在	主合同	不需要依赖其他合同能独立存在的合同	借款合同
	从合同	需要依赖其他合同不能独立存在的合同	抵押合同

二、合同法的概念及调整范围

合同法是指调整平等主体之间当事人的合同权利义务关系的法律规范的总称。1999年3月15日第九届全国人民代表大会第二次会议审议通过，1999年10月1日起施行的《中华人民共和国合同法》是我国合同法律制度的基本法律。

合同法调整的是平等主体之间的民事关系。合同法不适用以下内容：

（1）政府的经济管理活动。

（2）企业、单位内部的管理关系。

（3）有关婚姻、收养、监护等身份关系的协议。

三、合同法的基本原则

（1）平等、自愿原则。

（2）公平原则。

（3）诚实信用原则。

（4）合法与公序良俗原则。

案例 3-1　合同的基本理论

张某的观点涉及合同法的调整范围。合同法调整的是平等主体之间的民事关系。合同法不适用以下内容：政府的经济管理活动；企业、单位内部的管理关系；有关婚姻、收养、监护等身份关系的协议。这些关系由其他法律调整。

所以，并不是所有的协议都受合同法调整。李某的观点涉及合同的普遍原则。平等自愿原则是合同法的基本原则，平等是当事人法律地位的平等，并不要求合同内容的对价。王某的观点涉及合同的种类。合同分为诺成合同和实践合同，实践合同除双方当事人意思表示一致外，还需交付标的物才能成立。

不平等主体间的关系不属于合同法调整的范围

1998 年某市政府利用优惠政策吸引社会资金参与城市基础设施建设。当时在东城区出现采暖供热紧张的局面，市政府计划在此地区投资建设集中供暖锅炉房。1998 年 4 月 27 日，某公司自愿招商引资建设集中供暖锅炉房和配套工程（泵站、管网、铁路专用线）等项目，并请求市政府在各方面给予照顾和支持。

1999 年 1 月 22 日，市政府办公会议形成办公会议纪要给予诉争项目优惠政策。在优惠政策的实施过程中，由于政府相关政策的出台，取消了部分收费项目。市政府停止向某公司支付优惠政策规定的费用。双方产生纠纷。

2004 年 4 月 16 日，某公司向法院起诉请求：市政府应当按照相关会议纪要支付优惠政策未到位而形成的欠款 3 563 万元，利息 1 618 万元，共计 5 181 万元。

2004 年 6 月 17 日，市政府以某锅炉房为某供热公司自建，产权也归其所有，某锅炉房项目与某公司无关，某公司无权就此主张权利，据此提出反诉，请求某公司返还投资款 13 124.8 万元。

一审法院判决：驳回某公司的诉讼请求；驳回市政府的反诉请求。某公司不服一审判决，提起上诉。

【问题】你认为最高人民法院会如何审理？

【提示】最高人民法院认为，第一，本案双方当事人在优惠政策制定和履行中地位不平等，不属于民法意义上的平等主体。本案某公司是响应市政府的号召，以向市政府书面请示报告的形式介入诉争供热工程建设的。以后，市政府单方召开办公会议决定由某公司承建诉争项目并制定了优惠政策明细，某公司接受政府办公会议决定后，其职责是按照政府行政文书确定的权利义务履行，并无与市政府平等协商修订市政府优惠政策文件的余地。从整体上讲，在介入方式、优惠政策制定及如何履行优惠政策等方面，某公司居于次要和服从的地位，双方当事人尚未形成民法意义上的平等主体之间的民事关系。

第二，本案双方当事人之间没有形成民事合同关系。《合同法》第二条规定：本法所称合同是平等主体的自然人、法人、其他组织之间设立、变更、终止民事权利义务关系的协议。合同是双方或者多方当事人在平等自愿基础上形成的意思表示一致的民事法律行为，是以设立、变更、终止民事法律关系为目的的协议。市政府制定的办公会议纪要的优惠政策原则和优惠政策方案，是本案诉争供热建设项目得以执行的主要依据，但该优惠政策是市政府单方制定的，未邀请某公司参加市政府办公会议并与之平等协商，也未征得某公司同意，市政府做出的单方意思表示，没有某公司的意思配合。因此，市政府办公会议纪要等相关文件不是双方平等协商共同签订的民事合同。

综上，尽管本案双方当事人之间诉争的法律关系存在诸多民事因素，但终因双方当事人尚未形成民法所要求的平等主体关系，市政府办公会议关于优惠政策相关内容的纪要及其文件不是双方平等协商共同签订的民事合同，故本案不属于人民法院民事案件受理范围。裁定如下：撤销一审判决；驳回某公司起诉和市政府反诉。

应当遵循公平原则确定合同当事人的权利和义务

2004 年 7 月 12 日，田某、李某、天下公司签订一份购房合同书（以下简称三方购房合同），合同约定：李某购买田某住房一套，天下公司为中介方。中介费和产权过户费由李某承担；李某于 2004 年 7 月 20 日前向田某支付首付款 12 万元，田某同时将房屋以现状交付李某，待田某取得房屋产权证后，由天下公司协助李某办理公积金贷款以支付购房尾款，李某在支付首付款后即可开始进行房屋装修、居住；自合同签订后、在该房屋产权办理过程中或者产权过户完毕后，若李某提出不购买此房，或者田某提出不出售此房，提出者应承担办理产权交易过户手续及产权回转手续所发生的全部费用和中介费，并向对方支付违约金 1 万元；合同还对其他事项进行了约定。同日，李某向田某支付了房屋首付款 12 万元，田某将房屋（清水房）交给了李某，李某对房屋进行装修后，居住至今。田某出卖给李某的房屋，系田某于 2002 年 9 月 20 日从案外人省机械公司处购买的经济适用房，田某已向省机械公司付清全部购房，但至今尚未取得房屋产权证。

原告田某诉称，转让的房屋未依法领取权属证书，购房合同违反了《中华人民共和国城市房地产管理法》的强制性规定，缺乏合同的生效要件，故不具有法律效力，亦应属无效。

被告辩称，购房合同合法有效，应当按合同约定履行。

一审法院判决：驳回田某的诉讼请求。原告田某不服一审判决，提起上诉。

【问题】你认为上一级法院会如何审理？

【提示】成都市中级人民法院认为，《合同法》第五条规定了当事人在从事交易活动中，应当遵循公平原则确定各方的权利和义务；《民法通则》第四条明确了"民事活动应当遵循自愿、公平、等价有偿、诚实信用的原则"，上述法律及司法解释是公民在从事民事活动过程中应当遵循的基本原则和要求，否则不能维护正常的市场交易秩序和诚实信用的交易规则。本案购房合同是田某与李某自愿签订的，合同明确约定了买卖双方各自的权利义务，卖房人田某不但按照约定收取了部分购房款，而且还向买房人交付了房屋，李某在支付了部分购房款后，实际接受房屋并进行装修入住多年，已形成长期占有、使用的事实。田某提供的证据不能证明本案合同是在违背真实意思表示情况下订立的，其以各种理由不履行合同的行为本身就与上述法律及司法解释的规定不符。判决：驳回上诉，维持原判。

公平原则要求合同双方当事人之间的权利义务要公平合理，要大体上平衡，强调一方给付与对方给付之间的等值性，合同上的负担和风险的合理分配。具体包括：①在订立合同时，要根据公平原则确定双方的权利和义务，不得滥用权利，不得欺诈，不得假借订立合同恶意进行磋商；②根据公平原则确定风险的合理分配；③根据公平原则确定违约责任。公平原则作为合同法的基本原则，其意义和作用是：公平原则是社会公德的体现，符合商业道德的要求。将公平原则作为合同当事人的行为准则，可以防止当事人滥用权力，有利于保护当事人的合法权益，维护和平衡当事人之间的利益。

项目二 合同的订立

案例 3-2 合同的条款是否妥当

甲市某服装厂与乙市百货公司经协商，签订一份购销合同，内容如下：

(1) **产品名称**：三重保暖内衣（白熊牌）

(2) **规格**：S号，M号，L号

(3) **数量**：3 000 件

(4) **单价**：150 元/件

(5) **交货期限，地点**：2009 年度，供方仓库

(6) **交货方式**：需方自提，运费需方自理

(7) **产品质量与验收方法**：以封存样品为准，提货时抽样检查

(8) **结算方式**：现金，货款当面结清

供方单位：××服装厂　　　　　**需方单位**：××百货公司

【要求】指出这份合同的不当之处。

知识储备

一、合同订立的主体及形式

合同的订立，是指两个或两个以上的当事人，依法就合同的主要条款经过协商一致，达成协议的法律行为。

（一）合同订立的主体

合同订立的主体是指实际订立合同的人，包括平等主体的自然人、法人和其他组织。既可以是当事人，也可以是当事人依法委托的代理人。《合同法》规定，当事人订立合同应当具有相应的民事权利能力和民事行为能力。当事人依法可以委托代理人订立合同。

（二）合同订立的形式

根据合同法规定，当事人订立合同有三种形式：

（1）口头形式。

（2）书面形式。

（3）行为形式。

知识链接

合同成立的特殊规定

《合同法》规定，法律、行政法规规定或者当事人约定采用书面形式订立合同，当事人未采用书面形式但一方已经履行主要义务，对方接受的，该合同成立。采用合同书形式订立合同，在签字或者盖章之前，当事人一方已经履行主要义务，对方接受的，该合同成立。

以案释法

案例 3-3　口头形式合同是否受法律保护？

甲公司与乙公司达成口头协议，由乙公司在一个月内供应甲公司木材 25 吨，一周后，乙公司以木材价格过低为由要求加价，并提出与甲公司签订书面合同，否则，乙公司不能按时供货，甲公司表示反对，并称乙公司不按期履行合同，将向法院起诉。

【问题】双方的合同关系是否受法律保护？为什么？

【提示】双方当事人签订的口头形式合同受法律保护，因为《合同法》规定，双方当事人可以采用口头形式签订合同，但法律、法规规定采取书面形式的，应当采取书面形式。买卖合同不属于要式合同，即不采用书面合同对买卖合同没有影响。

二、合同的主要条款

（一）当事人的名称、姓名和住所

合同条款中要把各方当事人名称或者姓名和住所都记载准确、清楚。

（二）标的

合同对标的的规定应当清楚明白，准确无误。对于名称、型号、规格、品种、等级、花色等，都应规定得细致、准确、清楚，防止出错。

（三）数量

数量是指标的的数量，是以计量单位和数字来衡量的标的的尺度。合同中数量要清楚，计量单位要明确，切忌使用含混不清的计算方法。根据不同情况要求不同的精确度、允许的尾差、磅差、超欠幅度、自然耗损率等。

（四）质量

质量，是指以成分、含量、纯度、尺寸、精密度、性能等来表示合同标的内在素质和外观形象的优劣状态。如产品的品种、型号、规格和工程项目的标准等。

（五）价款或报酬

在合同中应当明确规定其数额、计算标准、结算方式和程序。

（六）履行期限、地点和方式

履行期限一般以年月日来表示；履行地点是指在什么地方交付或提取标的；履行方式是指当事人采取什么样的方式履行自己在合同中的义务。

（七）违约责任

在合同中明确规定违约责任条款，如约定定金或违约金，约定赔偿金额以及赔偿金的计算方法等。

（八）解决争议的方法

解决争议的方法主要有和解、调解、诉讼和仲裁，诉讼解决和仲裁解决具有法律上的强制性。当事人双方在订立合同时应约定解决争议的方法。

三、合同订立的方式

当事人订立合同，采取要约、承诺方式，这是合同订立的一般程序。

（一）要约

要约是希望和他人订立合同的意思表示（图 3-1）。

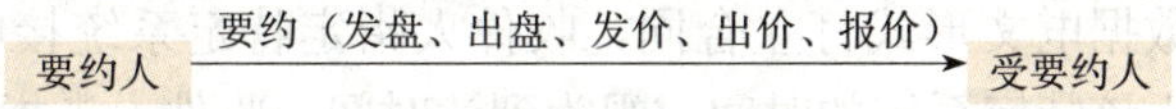

要约人　——要约（发盘、出盘、发价、出价、报价）——→　受要约人

图 3-1　要　约

1. 要约具备的条件
（1）内容具体确定。包含所要订立合同的基本条款。
（2）表明经受要约人承诺，要约人即受该意思表示约束。

> **知识链接**
>
> **要约与要约邀请的区别**
>
> （1）二者目的不同。要约是以订立合同为目的的法律行为，一经发出就会产生一定的法律效果；要约邀请是希望他人向自己发出要约的意思表示，要约邀请的目的是让他人向自己发出要约，本身不具有法律意义，不受所发邀请的约束。
> （2）二者内容不同。要约内容要明确具体；要约邀请的内容则不受此约束。

寄送的价目表、拍卖公告、招标公告、招股说明书等都是要约邀请。商业广告，视其内容确定是要约还是要约邀请，若内容符合要约规定条件的，则视为要约，否则是要约邀请。

以案释法

案例 3-4　悬赏广告是要约还是要约邀请

马某乘坐司机林某的出租车。马某下车时将其装有50 000元现金及身份证件的手提包遗忘在车上，发现丢包后他十分焦急，因不知如何才能找到司机林某，于是通过该市的交通广播电台发出启事，称若捡到他的手提包并返还，将付给其3 000元的报酬。林某听到后，与马某联系并送还了手提包，林某要求付酬时遭到拒绝，林某向法院起诉。

【提示】马某发出的悬赏广告，是一种向不特定人发出的要约，马某应当受该要约约束，对此负法律责任，悬赏人应在领取遗失物时按照承诺履行义务，马某应当支付悬赏金并支付必要费用。

2. 要约的生效　要约到达受要约人时生效。

知识链接

要约到达

要约只要送达到受要约人通常的地址、住所或者能够控制的地方（如信箱）即为到达。

（1）口头形式的要约，应自受要约人了解要约开始时生效。

（2）一般书面形式的要约，自该书面形式的要约文件到达受要约人处生效。

（3）采用数据电文形式订立合同，收件人指定特定系统接收数据电文的，该数据电文进入该特定系统的时间，视为到达时间。收件人未指定特定系统的，该数据电文进入收件人的任何系统的首次时间，视为到达时间。

3. 要约的撤回和撤销

（1）要约撤回。是指要约人在发出要约后、要约生效前，使要约不发生法律效力的意思表示。撤回要约的通知应当在要约到达受要约人之前或者与要约同时到达受要约人。

（2）要约撤销。是指要约人在要约生效后、受要约人承诺前，使要约丧失法律效力的意思表示。撤销要约的通知应当在受要约人发出承诺通知之前到达受要约人。

（3）不得撤销要约的情形。由于撤销要约可能会给受要约人带来不利的影响，损害受要约人的利益，法律规定了两种不得撤销要约情形：①要约人确定了承诺期限或者以其他形式明示要约不可撤销；②受要约人有理由认为要约是不可撤销的，并已经为履行合同做了准备工作。

以案释法

案例 3-5 是要约撤回还是要约撤销

　　甲公司于 3 月 5 日向乙企业发出签订合同的要约信函。3 月 8 日乙企业收到甲公司声明该要约作废的传真。3 月 10 日乙公司收到该要约的信函。根据《合同法》的规定，甲公司发出传真声明要约作废的行为是要约撤回还是要约撤销？

　　【提示】要约撤回。要约信函于 3 月 10 日到达乙公司生效，而取消要约的传真 3 月 8 日就到达乙公司，因此是要约撤回。

　　4. 要约失效　要约失效是指要约丧失法律效力，即要约人不再受其约束，受要约人也终止了承诺的权利。要约失效的情形，具体规定如下：

（1）拒绝要约的通知到达要约人。

（2）要约人依法撤销要约。

（3）承诺期限届满，受要约人未做出承诺。

（4）受要约人对要约的内容做出实质性变更。

（二）承诺

　　承诺是指受要约人明确同意要约的意思表示。承诺应当以通知的方式做出，但根据交易习惯或者要约表明可以通过行为做出承诺的除外。承诺生效时合同成立。

　　1. 承诺应同时具备的条件

（1）承诺必须由受要约人做出。如由代理人做出承诺，则代理人须有合法的委托手续。

（2）承诺必须向要约人做出。

（3）承诺的内容应当和要约的内容一致。

（4）承诺必须在规定的期限内做出。

　　2. 承诺的生效　承诺通知到达要约人时生效。承诺不需要通知的，根据交易习惯或者要约的要求做出承诺的行为时生效。承诺"到达"与前述要约"到达"的含义相同。

　　3. 承诺的撤回　承诺可以撤回，撤回承诺的通知应当在承诺通知到达要约人之前或者与承诺通知同时到达要约人。

以案释法

案例 3-6 合同是否成立

　　甲公司向乙企业发出要约，称对方如同意其条件，可将答复意见发至其电子邮箱中。乙企业应约将承诺发至其邮箱中，即开始准备履行合同。但甲公司经办人却因在外开会，一直未打开邮箱查看，致使甲公司以为乙企业未做出承诺。1 个月后，当乙企业要求甲公司履行合同义务时，甲公司称双方并未签订合同，甲公司没有履约的义务。请分析甲公司与乙企业之间是否存在合同关系？

【提示】根据《合同法》的规定，承诺生效时合同成立。承诺通知到达受要约人时生效。采用数据电文形式订立合同的，收件人指定特定系统接收数据电文的，该数据电文进入该特定系统的时间，视为到达时间。乙企业已将承诺发往甲公司指定的电子邮箱中，故承诺已生效，合同已成立，甲公司与乙企业之间存在合同关系。

四、合同的缔约过失责任

缔约过失责任，是指当事人在订立合同过程中，因违背诚实信用原则给对方造成损失时所承担的法律责任。构成缔约过失责任要有三个条件：

(1) 当事人有过错。

(2) 有损害后果的发生。

(3) 当事人的过错行为与造成的损失有因果关系。

《合同法》对缔约过失规定三种情形：

(1) 假借订立合同，恶意进行磋商。

(2) 故意隐瞒与订立合同有关的重要事实或者提供虚假情况。

(3) 有其他违背诚实信用原则的行为。

以案释法

案例 3-7　供销社应承担什么责任

某供销社贴出通知，声称在两天之内以极低价格敞开无限量供应 A 种化肥，并明确介绍了该种化肥的价格。由于其化肥价格比较便宜，很多农民纷纷退掉已在别处订购的化肥来购买该供销社的化肥。但该供销社进的 A 种化肥数量有限，许多农民无法买到化肥，造成较大经济损失。

【问题】该供销社应承担什么责任？

【提示】供销社向广大农民做出了明确的要约，农民退掉别处订购的化肥赶来购买供销社的化肥是一种准备做出承诺的行为。但由于供销社未履行要约义务，致使农民无法做出承诺，合同不能成立，这是由于供销社的过错导致的。因此，供销社应承担缔约过失责任，赔偿农民的损失。

案例点评

案例 3-2　合同的条款

合同中存在如下不当之处：

(1) S 号、M 号、L 号，没有约定衣服的具体尺寸；

(2) 交货期限不具体；

(3) 封存样品由哪方保管没有说明；

(4) 不能用现金结算；

(5) 缺少违约责任条款；

(6) 未写明解决争议的方法；

(7) 缺少法定代表人签字、盖章；

(8) 没写明合同订立的日期。

省略合同主要条款的后果

2010 年 9 月 15 日，张某某作为乙方与黄某某作为甲方共同签订《购房定金协议》（以下简称定金协议），约定乙方承购甲方上海市浦东新区金高路××弄××号××室的房屋（以下简称系争房屋）；双方商定房屋总价以人民币 133 万元（以下币种相同）成交。定金协议签订后，张某某支付 10 万元定金给黄某某。双方共同确认在张某某准备好房款，由其通知中介，再由中介安排具体的时间通知双方进行签约并支付房款。2010 年 12 月 31 日，张某某至中介处提出要求签约并付款，黄某某在当天未至中介处。2011 年 1 月 1 日，黄某某将张某某支付的 10 万元定金交至中介处，同年 1 月 5 日张某某取回该笔定金。张某某诉至法院要求黄某某按照合同约定继续履行合同并交付房屋。

一审法院认为，张某某与黄某某所签订的定金协议从内容上看，虽对房屋总价、税费承担、付款及时间等做了相关约定，但对房屋过户时间、交房事宜等主要条款尚未涉及，同时从定金协议所记载"在本协议签订后，若甲、乙双方中一方或双方违反本协议约定或甲、乙双方合意解除本协议，导致买卖合同未能签订的"内容，可以看出双方所订立的定金协议系对房屋买卖达成的一个初步意向，在此基础上约定一个明确的时间进一步建立一个正式的房屋买卖关系，该定金协议的性质应为预约。法院判决驳回张某某的诉讼请求。

原告不服一审判决，提起上诉。

【问题】你认为二审法院会如何处理？

【提示】二审法院认为，上诉人与被上诉人签订的定金协议其性质如原审所作分析为预约合同，上诉人所支付的定金性质为立约定金。本案争议焦点在于双方未能签订房屋买卖合同是否系被上诉人违约造成。根据双方约定，上诉人于 2010 年 12 月 31 日前支付房款，具体签约时间和付款时间由上诉人通知中介后，由中介予以安排签约时间并通知双方。被上诉人将定金退回至中介处，上诉人取回之后再起诉，并未进一步向被上诉人提出要求继续履约，故双方合同未能签订，并不能完全归责于被上诉人。故判决驳回上诉，维持原判。

项目三 合同的效力

举案说法

案例 3-8　合同是否有效

甲公司与乙公司签订一份秘密从境外买卖免税高档酒并运至国内销售的合同。甲公司依双方约定，按期将高档酒运至境内，但乙公司提走货物后，以目前账上无钱为由，要求暂缓支付货款，甲公司同意。3 个月后，乙公司仍未支付货款，甲公司多次索要无果，遂向当地人民法院起诉要求乙公司支付货款并支付违约金。

【问题】

（1）该合同是否具有法律效力？为什么？

（2）应如何处理？

知识储备

一、有效合同

依法成立的合同，具有法律约束力，是有效合同。有效合同应具备以下条件：

（1）当事人的主体资格合法。

（2）当事人的意思表示真实。

（3）合同的内容符合法律规定。

（4）合同的形式符合法律规定。

> **知识链接**
>
> ### 附条件和附期限的合同
>
> 附生效条件的合同，自条件成就时生效。当事人不正当地阻止条件成就的，视为条件成就；不正当促成条件成就的，视为条件不成就。
>
> 附期限的合同是指附有将来确定到来的期限作为合同的条款，作为合同的开始，并在该期限到来时合同的效力发生或终止。附生效期限的合同，自期限届至时生效。附终止期限合同，自期限届满时失效。

以案释法

案例 3-9　附条件的合同

甲有机会出国留学，想卖掉自己现有的房屋，恰好同事乙想购买，双方于是订立合同，约定若一年内甲成功办妥出国留学手续，则将房屋卖给乙。后来，甲因故在两年后才办妥出国手续，正好甲朋友丙欲买房，甲遂将该房屋卖给了丙。乙得知后，认为甲不守信用，双方发生了纠纷。

【问题】乙是否有权要求甲交付房屋？

【提示】本案涉及附条件合同问题。《合同法》规定，当事人对合同的效力可以约定附条件。附生效条件的合同，自条件成就时生效。本案中，甲与乙的房屋买卖合同中所附条件为"一年内甲成功办妥出国手续"，事实上此条件未成就，故该合同未产生效力，甲不对乙付有交付房屋、转移房屋所有权的义务。

二、无效合同

无效合同是指因违反法律、法规要求，国家不予承认和保护的不发生法律效力的合同。

无效合同自始没有法律约束力。无效合同具体情形有：

(1) 一方以欺诈、胁迫的手段订立合同，损害国家利益的合同。

(2) 恶意串通，损害国家、集体或者第三人利益的合同。

(3) 以合法形式掩盖非法目的的合同。

(4) 损害社会公共利益的合同。

(5) 违反法律、行政法规强制性规定的合同。

以案释法

案例 3-10　购糖款应该没收吗

甲商贸公司生意每况愈下，为弥补损失，该公司便与境外一非法商人乙勾结走私毒品，他们签订了购买白砂糖的合同，甲商贸公司在供应乙的白砂糖中，每箱放入 1 包装有海洛因的白砂糖。在运往境外途中，被海关一举查获，有关人员也被逮捕。甲商贸公司没有参与走私的职工提出，该批白砂糖的买卖合同应当有效，乙预付给甲商贸公司的购糖款不应没收。

【问题】这种看法对吗？

【提示】这种看法是错误的。因为甲商贸公司与非法商人乙签订的合同是以合法形式掩盖非法目的的合同。从形式上看，购买白砂糖是合法的，但签订这一合同的目的却是试图以合法形式掩盖非法走私毒品的目的，因而合同是无效的。乙预付的"购糖款"是走私行为的一部分，应予以没收。

三、可撤销合同

可撤销合同指因法定原因，享有撤销权的一方当事人请求人民法院或者仲裁机构撤销合同效力的合同。通过有撤销权的当事人行使撤销权可使已经生效的合同变更或归于无效。

（一）可撤销合同的情形

（1）因重大误解订立的合同。

（2）在订立合同时显失公平的合同。

（3）一方以欺诈、胁迫的手段或者乘人之危使对方在违背真实意思的情况下订立的合同。

（二）撤销权的行使及消灭

当事人请求变更合同的，人民法院或者仲裁机构不得撤销。撤销权的行使是有时效和限制的。有下列情形之一的，撤销权消灭：

（1）具有撤销权的当事人自知道或者应当知道撤销事由之日起 1 年内没有行使撤销权。

（2）具有撤销权的当事人知道撤销事由后明确表示或者以自己的行为放弃撤销权。

被撤销的合同同无效合同一样，自始没有法律约束力。

以案释法

案例 3-11 买卖安装空调合同的效力

顾客王某欲从某电器公司购买一特价的 A 型冷暖空调机，因该产品已售完，该公司销售人员便极力怂恿王某购买 B 型空调机。称性能与 A 型空调机完全一样。王某一再要求电器公司对此做出保证，在此前提下支付了空调款，电器公司上门安装了空调。但在使用过程中，王某发现 B 型空调机的性能与 A 型空调机以及销售人员的介绍都相距甚远，故要求该电器公司予以退换货。电器公司坚决予以拒绝。王某遂起诉到法院。

【问题】王某与电器公司买卖安装空调的合同的效力如何？法院应否支持王某要求退换货的主张？

【提示】在王某与电器公司买卖安装空调的过程中，电器公司实施了欺诈行为，使王某产生了误解，因而王某与电器公司买卖安装 B 型空调机的合同是在违背王某真实意思的情况下订立的合同，是可撤销合同。王某有权要求变更或撤销该合同。因此法院应支持王某要求退换货的主张。

四、效力待定合同

有些合同虽然成立，但某些方面不符合合同生效的要件，其效力是否发生尚未确定，法律允许根据情况予以补救，这类合同称为效力待定合同。效力待定合同分为以下几种：

（一）限制民事行为能力人订立的合同

限制民事行为能力人订立的合同经法定代理人追认后，该合同有效。但如是获纯利益的合同或与其年龄、智力、精神健康状况相适应而订立的合同，不必经法定代理人追认，合同当然有效。相对人也可以催告限制民事行为能力的法定代理人在 1 个月内予以追认。法定代理人未做出表示的，视为拒绝追认。合同被追认之前，善意相对人有撤销的权利。

（二）因无权代理订立的合同

行为人没有代理权、超越代理权或代理终止后以被代理人名义订立的合同，未经被代理人追认，对被代理人不发生效力，由行为人承担责任。相对人可催告被代理人在 1 个月内追认。被代理人未做出表示的视为拒绝追认。合同被追认前，善意相对人有撤销的权利。

知识链接

无权代理的有效情形

（1）行为人没有代理权、超越代理权或者代理权终止后以被代理人名义订立合同，相对人有理由相信行为人有代理权的，该代理行为有效。

（2）法人或者其他组织的法定代表人、负责人超越权限订立的合同，除相对人知道或者应当知道其超越权限的以外，该代理行为有效。

（3）无权代理人以被代理人的名义订立合同，被代理人已经开始履行合同义务的，视为对合同的追认。

（三）无处分权的人订立的合同

无处分权的人处分他人财产，经权利人追认或者无处分权的人订立合同后取得处分权的，该合同有效。无处分权指处分人没有为他人或代他人以自己名义处分其财产的权利。

以案释法

案例 3-12　合同是否有效

2013 年 10 月，乙公司为进行技术改造，拟购置 1 台专用设备。与乙公司有长期业务关系的甲公司业务员张某得知后，上门表示甲公司可以代为采购该设备，约定交货时间为 2014 年 2 月。乙公司表示同意，并在张某带来的盖有甲公司合同专用章的格式合同书上签字、盖章。2014 年 2 月，乙公司向甲公司催促交货时，甲公司答复称，张某已于 2013 年 9 月下岗，没有该公司业务代理权，该合同无效。乙公司认为两家单位有长期业务关系，一直都是有张某代表甲公司与乙公司签订合同。甲公司既未告知乙公司解除张某的代理权，又未收回张某持有的盖有甲公司合同专用章的格式合同书，甲公司应对张某的代理行为负责，全面履行合同。双方争执未果，诉至法院。

【问题】该合同是否有效？甲、乙公司是否应履行合同？

【提示】虽然张某的代理权已经终止，但乙公司并不知情，且由于双方具有长期业务合作关系，张某持有有效的甲公司合同书。这种情况下，乙公司有理由相信张某有代理权，所以该代理行为有效，合同有效，两公司应履行合同。

案例点评

案例 3-8 合同是否有效

（1）该合同属于无效合同。依据我国《合同法》规定，甲公司与乙公司之间的买卖合同属于违反法律、行政法规强制性规定的合同，故为无效合同。

（2）由于合同为无效合同，合同自始没有法律拘束力，因此法院应驳回甲公司的诉讼请求。同时，甲公司和乙公司的交易损害了国家利益，法院可以采取民事制裁措施，没收双方用于交易的财产。

自学自练

合同效力的判定

某山区农民赵某家中有一明代的花瓶，系赵某的祖父留下。李某通过他人得知赵某家有一清朝花瓶，遂上门索购。赵某不知该花瓶的真实价值，李某用15 000元买下。随后，李某将该花瓶送至某拍卖行进行拍卖，卖得价款11万元。赵某在一个月后得知此事，认为李某欺骗了自己，通过许多渠道找到李某，要求李某退回花瓶。李某以买卖花瓶是双方自愿的，不存在欺骗，拒绝赵某的请求。经人指点，赵某到李某所在地人民法院提起诉讼，请求撤销合同，并请求李某返还该花瓶。

【问题】

（1）赵某的诉讼请求有无法律依据？为什么？

（2）法院应如何处理？

【提示】

（1）赵某的诉讼请求有法律依据。李某与赵某之间的合同属于显失公平的买卖合同，且显失公平系由于赵某欠缺交易经验所致，因此赵某有权依据《合同法》规定，请求法院撤销合同。买卖合同一旦被撤销，合同即自始没有法律约束力，依据《合同法》规定，赵某有权请求李某返还财产。依上述理由，赵某的诉讼请求有法律依据。

（2）法院应根据《合同法》规定撤销该花瓶买卖合同。并依据《合同法》规定，要求李某将花瓶退还给赵某，赵某将收到的花瓶款退还给李某。若李某愿意支付与该花瓶价值相当的价款，赵某也同意接受，赵某可以不用撤销该合同，由李某补齐余下的价款即可。

项目四 合同的履行与担保

案例 3-13　画像的预付金能拒付吗

某画家甲与顾客乙约定，由甲为乙画像，乙预付酬金 1 万元。正当乙准备预付酬金时，听说甲患重病卧床不起，极有可能无法再为乙画像。

【问题】乙是否有权拒付预付金并解除合同？

知识储备

一、合同履行的概念及原则

合同履行，是指当事人双方按照合同约定履行自己所应承担义务的行为。合同履行以有效合同为前提和依据。在合同履行中应当遵循以下原则：

（1）实际履行原则。

（2）全面履行原则。

（3）诚实信用原则。

二、合同履行的规则

当事人就有关合同内容没有约定或约定不明确可以协议补充，不能达成补充协议的，按照合同有关条款或者交易习惯确定，仍不能确定的，适用下列规定：

（一）质量要求不明确

按照国家标准、行业标准、通常标准或者符合合同目的的特定标准履行。

（二）价款或者报酬不明确

按照订立合同时履行地的市场价格履行。

执行政府定价或者政府指导价的规定

　　执行政府定价或者政府指导价的，在合同约定的交付期限内政府价格调整时，按照交付时的价格计价。逾期交付标的物的，遇价格上涨时，按照原价格执行；价格下降时，按照新价格执行。逾期提取标的物或者逾期付款的，遇价格上涨时，按照新价格执行；价格下降时，按照原价格执行。

（三）履行地点不明确

　　给付货币的，在接受货币一方所在地履行；交付不动产的，在不动产所在地履行；其他标的，在履行义务一方所在地履行。

（四）履行期限不明确

　　债务人可以随时履行，债权人也可以随时要求履行，但应当给对方必要的准备时间。

（五）履行方式不明确

　　履行方式不明确的，按照有利于实现合同目的的方式履行。

（六）履行费用的负担不明确

　　由履行义务一方负担。

三、抗辩权的行使

　　抗辩权是在双务合同中，一方当事人有依法对抗对方要求或否认对方权利主张的权利。根据我国《合同法》规定，抗辩权包括三种：同时履行抗辩权、后履行抗辩权和不安抗辩权（或先履行抗辩权）。

（一）同时履行抗辩权

　　同时履行抗辩权是指当事人互负债务，没有先后履行顺序的，应当同时履行，一方在对方履行之前有权拒绝其履行要求；一方在对方履行债务不符合约定时，有权拒绝其相应的履行要求。同时履行抗辩权是非永久性的抗辩权。

　　例如：如果卖方在同时履行的日期根本无法供货，买方在同时履行的日期有权不付款。当卖方切实履行了合同中的供货义务，同时履行抗辩权即消灭，主张抗辩权的买方就应当履行自己的义务。

（二）后履行抗辩权

　　后履行抗辩权，是指合同当事人互负债务，有先后履行顺序，先履行的一方未履行的，后履行一方有权拒绝其履行要求；先履行一方债务不符合约定的，后履行一方有权拒绝其相应的履行要求。

例如：4万吨优质钢材的买卖合同，卖方只交付了3万吨，尚欠1万吨，则买方可以行使后履行抗辩权，只支付3万吨的价款。

以案释法

案例 3-14　后履行抗辩权

甲、乙两公司签订一份买卖合同，合同约定买方甲公司应在合同生效后15日内向卖方乙公司支付40％的预付款，乙公司收到预付款后3日内发货到甲公司，甲公司收到货物并验收合格后结清余款。乙公司如期收到甲公司40％的预付款，并于收款后第二日发货至甲公司。甲公司收到货物后，经验收发现货物质量不符合合同约定。

【问题】甲公司应如何保护自己的权益？

【提示】本案中，合同虽已成立并生效，但根据后履行抗辩权制度，由于乙公司交付的货物质量不符合约定，甲公司有权拒付余款。

（三）不安抗辩权

不安抗辩权，又称"先履行抗辩权"，是指双务合同成立后，应当先履行债务的当事人有确切的证据证明对方不能履行债务或者有不能履行债务的可能时，在对方没有履行或者没有提供担保之前，有权中止履行合同义务。

例如：甲商场与乙公司签订了500台电视机的买卖合同，由乙先供货，甲后付款，后乙发现甲经营不善、产品积压价值达到2 000万元，对许多供货商已不能付款，乙以此作为证据，拒绝先将500台电视机交付给甲。

《合同法》规定，应当先履行债务的当事人，有确切证据证明对方有下列情形之一的，可以中止履行：

（1）经营状况严重恶化。

（2）转移财产，抽逃资金，以逃避债务。

（3）丧失商业信誉。

（4）有丧失或者可能丧失履行债务能力的其他情形。

知识链接

不安抗辩权行使中应注意的问题

（1）举证能力。应当先履行债务的当事人，只有在有确切证据证明对方丧失或者可能丧失履约能力时，才可中止履行合同。没有确切证据而中止履行的，应当承担违约责任。在诉讼或者仲裁中，主张不安抗辩权一方应负有举证义务。

（2）通知义务。当事人行使不安抗辩权时，应及时通知对方。对方提供担保或在合同期限内恢复履行能力时，应当恢复合同的履行，不安抗辩权即归于消灭。只有当对方在合理期限内未恢复履行能力并且未提供适当担保的，中止履行的一方才可以解除合同。

案例 3-15　不安抗辩权

甲为一著名歌唱演员，乙为一家演出公司。甲、乙之间签订了一份演出合同，约定甲在乙主办的一场演出中出演一个节目，由乙预先支付给甲演出劳务费 5 万元。后来，在合同约定支付劳务费的期限到来之前，甲因一场车祸而受伤住院。乙通过向医生询问甲的伤情得知，在演出日之前，甲的身体有康复的可能，但也不排除甲的伤情会恶化，以至于不能参加原定的演出。基于上述情况，乙向甲发出通知，主张暂不予支付合同中所约定的 5 万元劳务费。

【问题】乙方的行为属于什么行为？为什么？

【提示】乙方的行为属于行使不安抗辩权的行为。甲、乙双方的债务是因同一双务合同而发生，并且按合同约定，乙方有先履行给付演出劳务费的义务。在该双务合同成立后，甲方因车祸而造成身体伤害，以致有届时不能履行出场演出义务的可能。乙方在询问医生，得知甲方届时履行其出场演出义务的能力尚不确定时，对甲方发出了通知，告知甲方其演出劳务费不能按合同原定予以提前支付，这是乙方行使不安抗辩权的正当行为，完全符合不安抗辩权行使的法定要件，符合民法中的诚实信用原则和公平原则。对于乙方的该种行为，在法律上和法理上都是应当给予支持的。

四、保全措施

为了防止因债务人的财产不当减少而给债权人的债权带来危害，法律允许债权人为保全其债权实现而采取的法律措施，称为合同的保全措施。保全措施包括代位权和撤销权两种。

1. 代位权　代位权是指因债务人怠于行使到期债权，对债权人造成损害，债权人可以向人民法院请求以自己的名义代为行使债务人的债权。代位权的行使范围以债权人的债权为限。债权人行使代位权的必要费用，由债务人负担。

代位权的行使有四个条件：

（1）债务人与债权人的合同关系已到期，债务人已陷入迟延履行。

（2）债务人怠于行使到期债权。

（3）因债务人怠于行使到期债权，对债权人造成损害。

（4）债务人的到期债权不是专属于债务人自身的权利。

专属于债务人自身的权利

是指基于扶养关系、赡养关系、继承关系产生的给付请求权和劳动报酬、退休金、养老金、抚恤金、安置金、人寿保险金、人身伤害赔偿请求金等权利。

案例 3-16 代位权

甲与乙订有货物买卖合同，甲交付了货物，乙却因财务困难迟迟不向甲支付货款。据了解，乙借给丙的一笔款项早已到期，但丙一直未向乙偿还本金和利息，乙也未向丙追索。

【问题】甲应如何保护自己的权益？

【提示】在本案中，如果乙不向丙追索本金和利息，就会影响到乙向甲支付货款。根据法律的规定，如果乙既不以诉讼方式也不以仲裁方式向丙主张债权，甲就可以向人民法院提起对丙的代位权诉讼，要求法院准许甲以自己的名义向丙主张债权。

2. 撤销权

撤销权是指因债务人放弃到期债权或者无偿转让财产，对债权人造成损害的，或者债务人以明显不合理的低价转让财产，对债权人造成损害，并且受让人知道该情形的，债权人可以请求人民法院撤销债务人的行为。引起撤销事由的要件包括：

（1）放弃到期债权。

（2）无偿转让财产。

（3）以明显不合理的低价恶意转让财产。

撤销权自债权人知道或者应当知道撤销事由之日起1年内行使。自债务人的行为发生之日起5年内没有行使撤销权的，该撤销权消灭。

案例 3-17 撤销权

某个体餐馆欠王某10万元，其用以还债的主要财产是1辆桑塔纳轿车，但该餐馆老板李某却将桑塔纳轿车无偿赠与其亲戚。

【问题】王某应如何保护自己的权益？

【提示】该案中，李某将轿车无偿赠与他人，致使自己无法履行对王某的债务，损害了王某的利益，王某可向人民法院提起撤销权诉讼，要求法院撤销债务人餐馆老板李某无偿赠与桑塔纳轿车的行为。

五、合同的担保

合同的担保是指依照法律规定，或由当事人双方经过协商一致而约定的，为保障合同债权实现的法律措施。根据《中华人民共和国担保法》的规定，在借贷、买卖、货物运输、加工承揽等经济活动中，债权人需要以担保方式保障其债权实现的，可以设定保证、抵押、质押、留置和定金五种方式的担保。其中抵押、质押和留置在物权法律制度中已加以介绍，此处只对保证和定金担保方式进行阐述。

农村经济法规

（一）保证

保证是指第三人（保证人）和债权人约定，当债务人不履行合同规定的债务时，第三人按照约定，履行合同义务或承担责任的一种担保方式。

1. 保证人的资格　保证人必须是具有代为清偿债务能力的法人、其他组织或者公民。

> **知识链接**
>
> **不能成为保证人的单位**
>
> （1）国家机关。但经国务院批准使用外国政府或者国际经济组织贷款进行转贷的除外。
> （2）学校、幼儿园、医院等以公益为目的的事业单位、社会团体。
> （3）企业法人的分支机构、职能部门。但企业法人的分支机构有法人书面授权的，可以在授权范围内提供保证。

2. 保证的方式　保证方式有一般保证和连带责任保证。当事人可以在保证合同中约定采用哪一种保证方式，如果当事人对保证方式没有约定或约定不明确的，则承担连带责任保证责任。

（1）一般保证。当债务人不能履行债务时，由保证人承担保证责任，一般保证人享有先诉抗辩权。

（2）连带责任保证。是指债务人在主合同规定的履行期限届满而没有履行债务的，债权人可以要求债务人履行债务，也可以要求保证人承担责任。

> **知识链接**
>
> **先诉抗辩权**
>
> 先诉抗辩权是指一般保证的保证人在主合同纠纷未经审判或者仲裁，并就债务人财产依法强制执行仍不能履行债务前，对债权人可以拒绝承担保证责任。

3. 保证责任　保证人在约定的保证范围内承担保证责任。保证担保的范围包括主债权及利息、违约金、损害赔偿金和实现债权的费用。保证合同另有约定的，按照约定。

4. 保证期间　当事人可以在保证合同中约定保证责任的期间。保证人与债权人未约定保证期间的，保证期间为主债务履行期届满之日起 6 个月。保证人承担保证责任后，有权向债务人追偿。

> **以案释法**
>
> **案例 3-18　保证**
>
> 甲向乙借款 10 万元，丙为保证人，未约定保证方式。现债务已届清偿期，乙找到丙要求其承担保证责任，丙让乙先去找甲，称甲没能力负担的他再承担保证责任。

【问题】丙的做法合法吗？

【提示】不合法。当事人对保证方式没有约定或约定不明确的，则承担连带责任保证责任。债权人可以要求债务人履行债务，也可以要求保证人承担责任。本案中丙不能拒绝承担保证责任，丙承担完保证责任后，可以向甲追偿。

（二）定金

定金是指合同当事人约定一方向对方给付一定数额的货币作为债权的担保，债务人履行债务后，定金抵作价款或者收回。给付定金的一方不履行约定的债务的，无权要求返回定金；收受定金的一方不履行约定的债务的，应当双倍返回定金。

1. 定金的书面形式和生效　定金应当以书面形式约定。当事人在定金合同中应当约定交付定金的期限。定金合同自实际交付之日起生效。

2. 定金的数额　定金的数额由当事人约定，但不得超过主合同标的额的 20%。当事人约定的定金数额超过主合同标的额的 20% 的，超过部分，人民法院不予支持。

3. 定金的效力　在当事人不履行合同时，使用定金罚则，即给付定金的一方不履行合同，无权要求返还定金；接受定金的一方不履行合同的应当双倍返还定金。当事人一方不完全履行合同，应当按照未履行部分所占合同约定内容的比例，使用定金罚则。

> **知识链接**
>
> ### 定金与订金
>
> 定金是指当事人约定由一方向对方给付的、作为债权担保的一定数额的货币，它属于一种法律上的担保方式，目的在于促使债务人履行债务，保障债权人的债权得以实现。签合同时，对定金必须以书面形式进行约定，同时还应约定定金的数额和交付期限。给付定金一方如果不履行债务，无权要求另一方返还定金；接受定金的一方如果不履行债务，需向另一方双倍返还定金。债务人履行债务后，依照约定，定金应抵作价款或者收回。
>
> 相比之下，订金虽不是法律上的"定金"，但在签合同时，却经常使用。一字之差，意思大相径庭。订金是预付款的性质，合同中，如果写的是"订金"，一方违约，另一方无权要求其双倍返还，只能得到原额。为避免损失，与他人签合同时，一定要留点神，看准了。

> **以案释法**
>
> ### 案例 3-19　定金
>
> 甲与乙签订一标的额为 50 万元的合同，约定定金为 20 万元。乙一直未支付定金。后甲与乙因合同履行发生纠纷。乙要求甲以双倍返还定金的形式承担违约责任，甲拒绝。

【问题】该定金合同是否成立，是否生效,定金数额的约定是否符合法律规定？

【提示】定金合同是甲、乙双方意思表示一致的约定，已成立，但定金合同自实际交付定金之日起生效，乙并未交付定金，所以该合同尚未生效。《合同法》规定定金数额不应超过主合同标的额的20%，即10万元，故甲、乙约定的定金数额不符合法律规定。

案例点评

案例 3-13 画像的预付金能拒付吗

在该案中，如果画家甲确实因患重病不能履行合同，乙可以行使不安抗辩权，通知对方中止履行先行支付酬金的义务。如甲在合理期限内身体未好转，未恢复作画能力，也未提供适当担保时，乙可以解除合同。

自学自练

合同履行中的抗辩权

甲、乙两公司签订钢材购买合同。合同约定：乙公司向甲公司提供钢材，总价款1 000万元。甲公司预付价款200万元。在甲公司即将支付预付款前，得知乙公司因经营不善，无法交付钢材，并有确切证据证明。于是，甲公司拒绝支付预付款，除非乙公司能提供一定的担保，乙公司拒绝提供担保。为此，双方发生纠纷并诉至法院。

【问题】

(1) 甲公司拒绝支付预付款是否合法？

(2) 甲公司的行为若合法，法律依据是什么？

(3) 甲公司行使的是什么权利？若行使该权利必须具备什么条件？

【提示】

(1) 甲公司拒绝支付预付款是合法的。

(2)《合同法》规定，应当先履行债务的当事人，有确切证据证明对方有下列情形之一的，可以中止履行：①经营状况严重恶化；②转移财产、抽逃资金，以逃避债务；③丧失商业信誉；④有丧失或者可能丧失履行债务能力的其他情形。本案中甲公司作为先为给付的一方当事人，在对方于缔约后财产状况明显恶化，且未提供适当担保，可能危及其债权实现时，可以中止履行合同，保护权益不受损害。因此在发生纠纷时，法院应支持甲公司的主张。

(3) 甲公司行使的是不安抗辩权。

案例 3-20 合同的转让

甲公司欠乙公司 20 万元，乙公司欠丙公司 20 万元，于是乙公司与丙公司达成协议，把自己对甲公司的债权让与丙公司。请分析，乙公司是否有权这样做，乙公司要怎样做才能使该协议发生效力？

知识储备

一、合同的变更

合同变更是指合同法律关系的客体和内容的变更，也就是对原合同的有些条款进行修改、补充。合同变更发生在合同订立后，没有履行或履行未完毕之前。变更合同必须依法进行。

二、合同的转让

合同转让是指合同当事人一方将其合同的权利和义务全部或部分转让给第三人。合同的转让仅指合同主体的变更，一般由当事人自主决定。

(一) 合同权利转让

合同权利转让是指不改变合同权利的内容，由债权人将合同权利的全部或部分转让给第三人。债权人转让权利不需要经债务人同意，但应当通知债务人。未经通知，该转让对债务人不发生效力。

> **知识链接**
>
> **债权人不得转让合同权利的情形**
>
> (1) 根据合同性质不得转让。
> (2) 根据当事人约定不得转让。
> (3) 依照法律规定不得转让。

（二）合同义务转让

合同义务转让是指在不改变合同义务的前提下，经债权人同意，债务人将合同的义务全部或者部分转让给第三人。债务人将合同的义务全部或者部分转移给第三人，应当经债权人同意。

（三）合同权利义务的一并转让

合同权利义务的一并转让是指当事人一方经对方同意，将自己在合同中的权利和义务一并转让给第三人。

三、合同的终止

合同终止即合同的权利义务终止，是指依法生效的合同，因具备法定情形和当事人约定的情形，合同债权、债务归于消灭，债权人不再享有合同权利，债务人也不必再履行合同义务。合同终止主要有以下情形：

（一）债务已经按约定履行

债务已按照约定履行即是债的清偿，是按照合同约定实现债权目的的行为。

（二）合同被解除

合同解除是指合同订立后，尚未全部履行前，由于出现法定解除情形，根据法律规定或合同约定的条件，提前终止合同，使合同关系归于消灭。当事人一方主张解除合同时，应当通知对方。合同自通知到达对方时解除。

知识链接

当事人解除合同的情形

根据《合同法》的规定，有下列情形之一的，当事人可以解除合同：

（1）因不可抗力致使不能实现合同目的。

（2）在履行期限届满之前，当事人一方明确表示或者以自己的行为表明不履行主要债务。

（3）当事人一方迟延履行主要债务，经催告后在合理期限内仍未履行。

（4）当事人一方迟延履行债务或者有其他违约行为致使不能实现合同目的。

（5）法律规定的其他情形。

（三）债务相互抵销

当事人互负到期债务，该债务的标的物种类、品质相同的，任何一方可以将自己的债务与对方的债务抵销，但依照法律规定或者合同性质不得抵销的除外。

当事人互负债务，标的物种类、品质不相同的，经双方协商一致，也可以抵销。

当事人主张抵销的，应当通知对方。通知自到达对方时生效。抵销不得附条件或者附期限。

（四）债务人依法将标的物提存

提存是指合同履行期已届满，义务方将无法给付的标的物交给提存机关，从而消灭合同的制度。标的物提存后，毁损、灭失的风险由债权人来承担。提存期间标的物的孳息归债权人所有。提存费用由债权人负担。债权人领取提存物的权利自提存之日起 5 年内不行使而消灭，提存物扣除提存费用后归国家所有。

> **知识链接**
>
> **提存的情形**
>
> （1）债权人无正当理由拒绝受领。
> （2）债权人下落不明。
> （3）债权人死亡未确定继承人或者丧失民事行为能力未确定监护人。
> （4）法律规定的其他情形。

（五）债权人免除义务

债权人免除义务，指债权人放弃自己的债权，从而消灭合同关系及其他债的关系。免除是债权人抛弃债权的单方行为。

（六）债权债务同归于一人

债权债务同归于一人在合同法上叫做"混同"，即因某些客观事实发生而产生的债权债务同归一人。如企业合并，合并前的两个企业之间的债权债务因同归于合并后的企业而消灭。

（七）法律规定或者当事人约定终止的其他情形

> **以案释法**
>
> **案例 3-21 提存**
>
> 甲与乙签订销售空调 100 台的合同，但当甲向乙交付时，乙以空调市场疲软为由，拒绝受领，要求甲返还货款。
>
> **【问题】** 甲应该怎么做以保护自己的权益？由此产生的费用由谁来承担？
> **【提示】** 甲可以向有关部门提存这批空调，提存费用由乙支付。债权人无正当理由拒绝受领，债务人可以将标的物提存。标的物提存后，毁损、灭失的风险由债权人来承担。提存期间标的物的孳息归债权人所有。提存费用由债权人负担。债权人领取提存物的权利自提存之日起 5 年内不行使而消灭，提存物扣除提存费用后归国家所有。

案例 3-20　合同的转让

债权人转让权利不需经债务人同意，但应当通知债务人。因此，乙公司有权将对甲的债权让与丙公司。乙公司可以通知甲公司把 20 万元直接还给丙公司，则该协议生效，甲公司的债权人由乙变更为丙。

自学自练

合同变更、转让及终止的情形

甲与乙签订了一份买卖合同，约定甲将其收藏的一幅名画以 20 万元卖给乙。其后，甲将其对乙的 20 万元债权转让给了丙。

【问题】

（1）甲将对乙的债权转让出去，需要征得乙的同意吗？甲应该怎样做才能使该转让产生效力？

（2）若甲将名画依约交付给乙前，该画因不可抗力灭失。乙可以提出解除合同吗？

【提示】

（1）不需要。债权人转让权利不需要经债务人同意，但应当通知债务人。未经通知，该转让对债务人不发生效力。甲需将转让债权的事情通知乙，才能使该转让发生效力。

（2）乙可以提出解除合同。因不可抗力致使不能实现合同目的，当事人乙可以提出解除合同。

项目六　违约责任

举案说法

案例 3-22　违约责任

甲、乙两公司签订 1 份价值 100 万元的合同，甲公司支付给乙公司 20 万元的定金，双方又约定违约金为合同标的额的 30％。后甲方违约，导致乙公司损失 15 万元。乙公司要求甲公司承担违约责任，除定金不予返还外，还需支付违约金 30 万元，另外赔偿损失 15 万元。双方协商未果，诉至法院。

【问题】法院对乙公司的主张是否应予支持？

知识储备

一、承担违约责任的原则

违约责任，是指合同当事人违反合同的约定所应当承担的法律责任。承担违约责任主要根据以下原则：

（一）过错责任原则

过错责任原则是指在出现事实的情况下，违约人仅在主观上有过错才承担违约责任。具体讲，谁有过错由谁承担责任，没有过错就不承担责任。违约如属一方过错，则由过错的一方承担责任；如属双方过错，则应根据过错的大小、主次，由双方分别承担各自应负的责任。

（二）赔偿实际损失原则

赔偿实际损失原则是指违约方支付的赔偿额相当于因违约所造成的实际损失。实际损失包括直接损失和间接损失。直接损失是因为违反合同约定而造成财产实际的减少、灭失、毁损；间接损失是指合同履行后可以得到的预期利益。

二、承担违约责任的主要形式

（一）继续履行

继续履行是指当事人一方违反合同约定，不履行或者履行不符合约定，对方当事人有

权要求其继续履行，以维护自己的合法权益。继续履行能够适用合同未被解除，且有履行可能的情形。凡有下列情形之一的，可以免除当事人继续履行的责任：

1. 法律上或者事实上不能履行。
2. 债务的标的不适于强制履行或者履行费用过高。
3. 债权人在合理期限内未要求履行。

（二）采取补救措施

一方当事人提供的产品质量不符合约定，应当按照当事人约定承担违约责任。守约当事人可以选择要求对方承担修理、更换、重做、退货、减少价款或者报酬等违约责任。

（三）赔偿损失

当事人一方不履行合同义务或者履行合同义务不符合约定的，在履行义务或者采取补救措施后，对方还有其他损失的，应当赔偿损失，支付一定金额的赔偿金。

支付赔偿金适用于当事人一方违约给对方造成损失而没有约定违约金的情形。受到损失的一方当事人，应及时采取措施，防止损失的扩大，否则，无权就扩大的损失要求赔偿。

（四）支付违约金

支付违约金是指当事人一方因违约，按法律规定或合同约定向对方支付的一定数量的货币。违约金是对不能履行或者不能完全履行合同行为的一种带有惩罚性质的经济补偿手段，不论违约的当事人一方是否已给对方造成损失，都应当支付。

约定的违约金低于造成的损失的，当事人可以请求人民法院或者仲裁机构予以增加；约定的违约金过分高于造成的损失的，当事人可以请求人民法院或者仲裁机构予以适当减少。

（五）给付或者双倍返还定金

当事人可以根据《担保法》规定，约定一方向对方给付定金作为债权的担保。债务人履行债务后，定金应当抵作价款或者收回。给付定金的一方不履行合同的债务的，无权要求返还定金；收受定金的一方不履行约定的债务的，应当双倍返还定金。

> **知识扩展**
>
> #### 违约金和定金不能并罚
>
> 当事人既约定违约金，又约定定金的，一方违约时，对方可以选择适用定金或者违约金条款。但由于二者在目的、性质、功能等方面具有共性而不能并用。当事人执行定金条款后不足以弥补所受损害的，仍可以请求赔偿损失。

三、违约免责

根据《合同法》的规定，因不可抗力不能履行合同的，根据不可抗力的影响，可以部分或者全部免除责任，但法律另有规定的除外。当事人迟延履行后发生不可抗力的，不能免除责任。当事人一方因不可抗力不能履行合同的，应当及时通知对方，以减轻对方造成的损失，并应当在合理期限内提供证明。

案例点评

案例 3-22　违约责任

根据《合同法》的规定，乙公司只能选择适用违约金条款或者定金条款要求甲公司承担违约责任。由于违约金或定金数额已足以弥补乙公司的损失，故法院不再支持乙公司的其他诉讼主张。

自学自练

各方违约责任的判定

甲公司与乙公司于 2006 年 5 月 20 日签订了设备买卖合同，甲为买方，乙为卖方。双方约定：

(1) 由乙公司于 10 月 30 日前分两批向甲公司提供设备 10 套，价款总计为 150 万元；

(2) 甲公司向乙公司给付定金 25 万元；

(3) 如一方迟延履行，应向另一方支付违约金 20 万元；

(4) 由丙公司作为乙公司的保证人，在乙公司不能履行债务时，丙公司承担一般保证责任。

合同依法生效后，甲公司因故未向乙公司给付定金。

7 月 1 日，乙公司向甲公司交付了 3 套设备，甲公司支付了 45 万元货款。

9 月，该种设备价格大幅上涨，乙公司向甲公司提出变更合同，要求将剩余的 7 套设备价格提高到每套 20 万元，甲公司不同意，随后乙公司通知甲公司解除合同。

11 月 1 日，甲公司仍未收到剩余的 7 套设备，从而严重影响了其正常生产，并因此遭受了 50 万元的经济损失。于是甲公司诉至法院，要求乙公司增加违约金数额并继续履行合同；同时要求丙公司履行一般保证责任。

【问题】

(1) 合同约定甲公司向乙公司给付 25 万元定金是否合法？说明理由。

(2) 乙公司通知甲公司解除合同是否合法？说明理由。

(3) 甲公司要求增加违约金数额依法能否成立？说明理由。

(4) 甲公司要求乙公司继续履行合同依法能否成立？说明理由。

(5) 丙公司在什么条件下应当履行一般保证责任？

【提示】

（1）合同约定甲公司向乙公司给付 25 万元定金合法。根据《合同法》和《担保法》的规定，定金由合同当事人约定，数额也由当事人约定，但不得超过主合同标的额的20％。在本题中，甲公司与乙公司订立的合同约定的定金为 25 万元，占主合同标的额的16.67％，符合法律规定。但由于定金合同从实际交付定金之日起生效，甲公司因故未向乙公司给付定金，因此，定金合同未生效。

（2）乙公司通知甲公司解除合同不合法。根据《合同法》的规定，依法订立的合同成立后，即具有法律约束力，任何一方当事人都不得擅自变更或解除合同，当事人协商一致也可以解除合同。当事人一方主张解除合同时，对方有异议的，应当请求人民法院或者仲裁机构确认解除合同的效力。

（3）甲公司要求增加违约金数额依法成立。根据《合同法》的规定，合同双方当事人约定的违约金低于造成的损失的，当事人可以请求人民法院或仲裁机构予以增加。

（4）甲公司要求乙公司继续履行合同依法成立。根据《合同法》的规定，当事人一方不履行合同义务或者履行合同义务不符合约定的，对方当事人可以要求继续履行，违约方应当承担继续履行的违约责任。

（5）根据《担保法》的规定，在甲乙之间的合同纠纷经审判或者仲裁，并就债务人乙公司的财产依法强制执行仍不能履行债务时，丙公司对甲公司应当履行一般保证责任。

国内货物买卖合同（范本）

订立合同双方：

购货单位：_____（以下简称甲方）

供货单位：_____（以下简称乙方）

第一条　其产品名称、规格、质量（技术指标）、单价、总价等。

第二条　产品包装规格及费用_____

第三条　验收方法

第四条　货款及费用等付款及结算办法_____

第五条　交货规定

1. 交货方式_____

2. 交货地点：_____

3. 交货日期：_____

4. 运输费：_____

第六条　经济责任

1. 乙方应负的经济责任

（1）产品花色、品种、规格、质量不符合本合同规定时，甲方同意利用者，按质论价。不能利用的，乙方应负责保修、保退、保换。由于上述原因致延误交货时间，每逾期一日，乙方应按逾期交货部分货款总值的万分之____计算向甲方偿付逾期交货的违约金。

（2）乙方未按本合同规定的产品数量交货时，少交的部分，甲方如果需要，应照数补交。甲方如不需要，可以退货。由于退货所造成的损失，由乙方承担。如甲方需要而乙方不能交货，则乙方应付给甲方不能交货部分货款总值的____％的罚金。

（3）产品包装不符合本合同规定时，乙方应负责返修或重新包装，并承担返修或重新包装的费用。如甲方要求不返修或不重新包装，乙方应按不符合同规定包装价值____％的罚金付给甲方。

（4）产品交货时间不符合同规定时，每延期一天，乙方应偿付甲方以延期交货部分货款总值万分之____的罚金。

（5）乙方未按照约定向甲方交付提取标的物单证以外的有关单证和资料，应当承担相关的赔偿责任。

2. 甲方应负的经济责任

（1）甲方如中途变更产品花色、品种、规格、质量或包装的规格，应偿付变更部分货款（或包装价值）总值____％的罚金。

（2）甲方如中途退货，应事先与乙方协商，乙方同意退货的，应由甲方偿付乙方退货部分货款总值____％的罚金。乙方不同意退货的，甲方仍须按合同规定收货。

（3）甲方未按规定时间和要求向乙方交付技术资料、原材料或包装物时，除乙方得将交货日期顺延外，每顺延一日，甲方应付给乙方顺延交货产品总值万分之____的罚金。如甲方始终不能提出应提交的上述资料等，应视中途退货处理。

（4）属甲方自提的材料，如甲方未按规定日期提货，每延期一天，应偿付乙方以延期提货部分货款总额万分之____的罚金。

（5）甲方如未按规定日期向乙方付款，每延期一天，应按延期付款总额万分之____计算付给乙方，作为延期罚金。

（6）乙方送货或代运的产品，如甲方拒绝接货，甲方应承担因而造成的损失和运输费用及罚金。

第七条 产品价格如需调整，必须经双方协商。如乙方因价格问题而影响交货，则每延期交货一天，乙方应按延期交货部分总值的万分之____作为罚金付给甲方。

第八条 本合同所订一切条款，甲、乙任何一方不得擅自变更或修改。如一方单独变更、修改本合同，对方有权拒绝生产或收货，并要求单独变更、修改合同一方赔偿一切损失。

第九条 甲、乙任何一方如确因不可抗力的原因，不能履行本合同时，应及时向对方通知不能履行或须延期履行、部分履行合同的理由。在取得有关机构证明后，本合同可以不履行或延期履行或部分履行，并全部或者部分免予承担违约责任。

第十条 本合同在执行中如发生争议或纠纷，甲、乙双方应协商解决，解决不了时，双方可按下列第____种方式处理（未作选择的，视为选择1）：

1. 提交____仲裁委员会仲裁；
2. 依法向人民法院起诉。

第十一条 本合同自双方签章之日起生效，到乙方将全部订货送齐经甲方验收无误，并按本合同规定将货款结算以后作废。

第十二条 本合同在执行期间，如有未尽事宜，得由甲乙双方协商，另订附则附于本合同之内，所有附则在法律上均与本合同有同等效力。

第十三条 本合同一式____份，由甲、乙双方各执正本一份、副本____份。

订立合同人：

甲方：_____（盖章）　　　　　乙方：_____（盖章）

代理人：_____（盖章）　　　　　代理人：_____（盖章）

负责人：_____（盖章）　　　　　负责人：_____（盖章）

地址：_____　　　　　　　　　　地址：_____

电话：_____　　　　　　　　　　电话：_____

开户银行、账号_____　　　　　　开户银行、账号_____

____年____月____日　　　　　　____年____月____日

模块四

农村土地承包法律制度

为稳定和完善以家庭承包经营为基础、统分结合的双层经营体制，赋予农民长期而有保障的土地使用权，维护农村土地承包当事人的合法权益，促进农业、农村经济发展和农村社会稳定，根据宪法，制定《中华人民共和国农村土地承包法》。

项目一 农村土地承包经营制度

举案说法

案例 4-1　土地承包期限能否延长

安某系某村集体经济组织成员。该村与安某于 1994 年 1 月 7 日签订两份土地果树承包合同书，将两片土地承包给安某。合同约定，承包期限均自 1994 年 1 月 1 日起至 2002 年 12 月 31 日止。承包合同到期后，该村与安某在 2003 年期间按照原承包合同继续履行。2004 年 4 月，该村与安某再次签订两份土地果树承包协议书，承包地片、面积、果树均与 1994 年承包合同相同，承包期限为 2004 年 1 月 1 日起至 2004 年 12 月 31 日止。2004 年 8 月 25 日，该村村民委员会根据有关文件精神制定了土地确权方案，进行土地确权。同年 9 月 18 日，该村社员代表会讨论通过了确权方案。2005 年 8 月，安某向该村申请延长承包合同期限 30 年，该村不予准许，并作为原告诉请法院判令安某无条件将承包的土地、果树交还。被告安某答辩并提出反诉称其是该村村民，根据政策规定，任何人不能剥夺农民对土地的承包权，原定的土地承包合同到期后再延长 30 年不变，法院应驳回该村要求交还土地及果树的诉讼请求并要求该村与其签订延长 30 年的承包合同。

知识储备

一、农村土地承包法调整的法律关系

农村土地承包法是调整、规范农村土地承包中的权利和义务关系的法律规范的总称。《中华人民共和国农村土地承包法》于 2003 年 3 月 1 日起实施。与之相关的法律法规还有：

1.《中华人民共和国农村土地承包经营权流转管理办法》　农业部在 2005 年 1 月 19 日发布的《中华人民共和国农村土地承包经营权流转管理办法》（以下简称《农村土地承包经营权流转管理办法》）系统规定了土地承包经营权的流转问题。

2.《中华人民共和国物权法》　2007 年 3 月 16 日第十届全国人民代表大会第五次会议通过，2007 年 10 月 1 日开始实施的《中华人民共和国物权法》确认了土地承包经营权的物权属性，并给予物权性质的保护。

3.《中华人民共和国农村土地承包经营纠纷调解仲裁法》 2009 年 6 月 27 日第十一届全国人民代表大会常务委员会第九次会议通过，为化解农村土地承包经营纠纷、维护农民土地承包权益提供了强有力的法律武器。

> **以案释法**
>
> 案例 4-1 中的果树承包属于农村土地承包法调整的法律范畴。

二、农村土地承包法的适用范围

《农村土地承包法》的适用范围为农村土地。这里所称农村土地，是指农民集体所有和国家所有依法由农民集体使用的耕地、林地、草地，以及其他依法用于农业的土地，内容如图 4-1 所示。

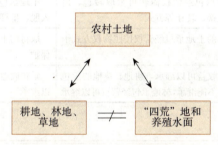

图 4-1 农村土地分析图

> **以案释法**
>
> 案例 4-1 中的果树承包属于农村土地中的林地，适用《农村土地承包法》。

三、农村土地承包经营制度

（一）农村土地承包经营方式

农村土地承包采取农村集体经济组织内部的家庭承包方式，不宜采取家庭承包方式的荒山、荒沟、荒丘、荒滩等农村土地，可以采取招标、拍卖、公开协商等方式承包，农村土地承包经营制度如图 4-2 所示。

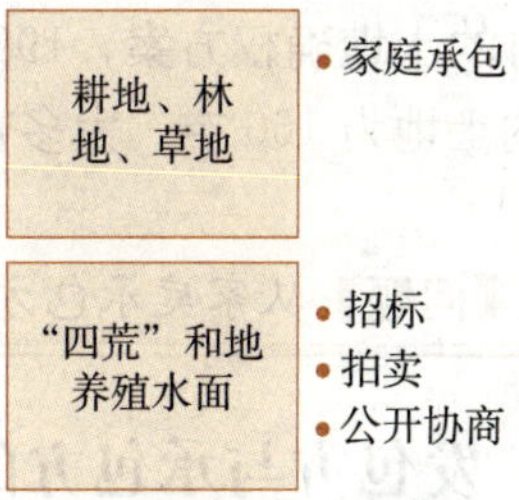

| 耕地、林地、草地 | • 家庭承包 |

| "四荒"和地养殖水面 | • 招标 • 拍卖 • 公开协商 |

图 4-2 农村土地承包经营制度

（二）家庭承包

农村土地家庭承包是指集体经济组织按照公平分配、人人有份的原则，统一将耕地、林地、草地承包给本集体经济组织农户的一种承包方式。

家庭承包与其他承包方式的区别见表 4-1。

表 4-1　家庭承包与其他承包方式的区别

不同点	家庭承包	其他方式
双方当事人的民事主体关系	双方当事人不是平等的民事主体关系，发包方是集体经济组织，承包方是本村村民	双方当事人是平等的民事主体关系，发包方是集体经济组织，承包方可以是本村村民，也可以是村外部单位或个人
承包对象和承包原则	承包对象主要是农业用地，具有福利和社会保障功能	承包对象主要是"四荒"和养殖水面，没有福利和社会保障功能
承包对象和承包原则	根据公平分配和人人有份的原则承包	根据效益优先、兼顾公平的原则承包
承包期限	承包期限较长	承包期限有长有短
承包双方权利义务的制定	承包双方的权利和义务是法定的	承包双方的权利和义务由双方协定
流转方式	承包合同生效后，由县级以上人民政府颁发土地承包经营权证。土地承包经营权流转可采取转包、出租、互换、转让等方式	土地承包经营权需经依法登记取得土地承包经营权证或林权证。土地承包经营权流转可采取转让、出租、入股、抵押等方式
经营权受保护的方式	取得的土地承包经营权按照物权方式予以保护	取得的土地承包经营权按照债权方式予以保护
继承权限	承包收益可以继承，耕地、草地的承包经营权不能继承，林地承包经营权可以继承	承包收益可以继承，土地承包经营权也可以继承

以案释法

案例 4-1　中的果树承包可以采用家庭承包方式

如果是家庭承包方式，承包方有权请求延长承包期（法定林地承包期 30～70 年）。但是该案的焦点是承包方与村委会签订的协议是否为家庭承包合同。

案件补充资料：双方均认可当时该村大部分土地采取的是集体统一经营的方式，仅将一些地况不好的土地由个人进行承包。同时，根据该村村民委员会制订的土地确权方案，1994 年该村集体经营的土地为 597 亩，16 户农户承包经营的土地为 160 亩，大多数农户没有承包土地。

【问题】从家庭承包方式的特点看，承包方是否有权请求延长承包期？

四、发包方与承包方的权利和义务

（一）发包方的权利和义务

1. 发包方主体　农民集体所有的土地依法属于村农民集体所有的，由村集体经济组织或者村民委员会发包；已经分别属于村内两个以上农村集体经济组织的农民集体所有的，由村内各该农村集体经济组织或者村民小组发包。村集体经济组织或者村民委员会发包的，不得改变村内各集体经济组织农民集体所有的土地的所有权。

2. 发包方的权利

(1) 发包本集体所有的或者国家所有依法由本集体使用的农村土地；

(2) 监督承包方依照承包合同约定的用途合理利用和保护土地；

(3) 禁止承包方损害承包地和农业资源的行为；

(4) 法律、行政法规规定的其他权利。

3. 发包方的义务

(1) 维护承包方的土地承包经营权，不得非法变更、解除承包合同；

(2) 尊重承包方的生产经营自主权，不得干涉承包方依法进行正常的生产经营活动；

(3) 依照承包合同约定为承包方提供生产、技术、信息等服务；

(4) 执行县、乡(镇)土地利用总体规划,组织本集体经济组织内的农业基础设施建设；

(5) 法律、行政法规规定的其他义务。

(二) 承包方的权利和义务

1. 承包方的资格　承包方是本集体经济组织的农户。国家公职人员不能作为土地承包经营的承包方。

2. 承包方的权利

(1) 依法享有承包地使用、收益和土地承包经营权流转的权利，有权自主组织生产经营和处置产品；

(2) 承包地被依法征收、征用、占用的，有权依法获得相应的补偿；

(3) 法律、行政法规规定的其他权利。

3. 承包方的义务

(1) 维持土地的农业用途，不得用于非农建设；

(2) 依法保护和合理利用土地，不得给土地造成永久性损害；

(3) 法律、行政法规规定的其他义务。

以案释法

案例 4-2　有农村户口的"外来户"的土地承包权问题

　　某旅游经济开发区有 1 700 多户农民是外来户。从原住地迁出之时，原承包地被原居住地集体经济组织收回。十几年来，该区一直没有进行土地调整，这些村民一直是依靠借种他人的土地进行耕种。为了完善承包关系，该开发区对土地

进行了打乱重分，这一次新一轮的土地承包中，依然没有这些"外来户"的承包地。熬了这么多年的农民坐不住了，凭什么剥夺我们的土地承包权？他们认为：自己的户口、住所均在该居民委员会，就是该农村集体经济组织的劳动者，那么就应当享有法律赋予在该集体经济组织应该享有的一切权利，依法应该享有承包经营本集体经济组织土地的权利。而且《农村土地承包法》中明确规定，农村集体经济组织成员有权依法承包本集体经济组织发包的农村土地，任何组织和个人不得剥夺和非法限制农村集体经济组织成员承包土地的权利。

结果该经济开发区管理委员会做出决定，这些"外来户"不能享有土地承包权。理由是，这些外来户均是"包干到户"后迁入该经济开发区的农业户，虽然他们的户口、住所都在这些社区居民委员会，但并非是经过集体经济组织同意迁入的，未经农村经济组织成员代表大会讨论同意，一直未被农村集体经济组织成员接纳，没有履行过农村集体经济组织成员的义务，也没有行使过相应的权利。而且自迁入后一直没有承包到土地，他们不是这些社区委员会的农村集体经济组织成员。

案例点评

案例 4-1　土地承包期限能否延长

一审法院认为，安某与该村签订土地果树承包合同书的性质是本案的争议点。在双方承包协议书期限已经届满的情况下，安某要求延长承包合同的反诉请求能否得到支持，需要对其承包性质进行明确。在庭审过程中，双方均认可当时该村大部分土地采取的是集体统一经营的方式，仅将一些地况不好的土地由个人进行承包。同时，根据该村村民委员会制订的土地确权方案，1994 年该村集体经营的土地为 597 亩，16 户农户承包经营的土地为 160 亩，大多数农户没有承包土地。可见，其土地承包并不是按照本集体经济组织成员人人有份的原则进行的。因此，安某虽系该村集体经济组织成员，但其于 1994 年、2004 年承包的土地不是依据家庭人口数量、按照人人有份的原则取得的，属于以其他方式承包，而非家庭承包，故安某要求延长 30 年土地果树承包合同期限的反诉请求，法院不予支持。在土地果树承包协议到期的情况下，安某应将承包的土地及发包时原有的果树交还给某村。

被告安某不服一审判决提起上诉，二审法院做出判决驳回被告上诉，维持原判。

外嫁村民也应该得到土地补偿费

村民张某虽已经远嫁他乡，但她的户口和承包经营的责任田仍在本村。张某离开村后，村里两次发放征地补偿费都没她的份，村里的解释是：远嫁他乡，就不是本村村民。对此，张某将该村告上了法庭。该地区法院判决张某胜诉。

村规民约：外嫁不享受村民权利。

张某是某村村民。1992年，她与该村签订了承包经营合同书，取得了土地经营权证。2000年3月，张某外嫁其他村，但未将户口迁出，也未在男方处分得"责任田"，她每年还按时缴纳了应承担的各种农业税。张某外嫁后，该村十组向每个村民发放征地补偿费共10 860元，但没有分配给张某。该村村长说："按照村规民约，外嫁他村的人虽然户口没有迁出，但只是临时户口，不享受本村村民的权利。在给不给张某发放土地征地补偿费时，曾经召开社员大会，大家讨论决定按村规规定办。"对此，张某多次找镇、村干部要求得到补偿费，可都没结果，于是向该区人民法院提起起诉。

法院判决：村里一次性给付补偿费。

【问题】法院判决的理由是什么？

【提示】法院认为，只要张某仍具有该村村民的身份，她就应享有与同小组村民同等的权利。该村的做法是错误的，侵害了张某的合法权益。对此，该区法院判决该村一次性给付张玲土地征用补偿费10 860元。

承办法官表示，根据《农村土地承包法》的规定，土地承包合同签订后，在承包期内，发包方不得随意收回承包地，也不得随意调整承包地。承包期内，妇女结婚，但在男方家未分得责任田，发包方不能收回张某的承包地。

项目二　农村土地承包的规定

牵案说法

案例 4-3　"农转非"转出的土地承包权纠纷

2002 年 8 月 2 日，持"蓝印户口"的阿敏作为原告将其所在村民委员会，告上了区人民法院，要求继续享有土地承包权。

原告阿敏诉称，1982 年实行家庭联产承包责任制，原告家四口人共承包了村里的 3.98 亩土地，1994 年 4 月，被告村委会在实行延长第二轮大田承包土地工作时，将原告的路边承包的土地 0.828 亩划给第三人承包。原告认为，被告村委会强行没收自己的土地并转包给第三人，此做法已侵犯了原告继续承包土地的经营权，为此向法院起诉，要求确认原告同村里签订的原土地 3.98 亩的承包合同有效。

被告村委会却辩称，由于原告阿敏系蓝印非农业户口，于 1994 年 12 月 23 日迁至另一公安分局（花园派出所），已不属本村在册人口，故 1999 年 4 月被告根据县、镇政府《关于延长大田承包期完善二轮承包工作意见》的文件精神，召开了村民小组长和村两委会议，制定了《某村完善二轮大田承包工作实施细则》，并经各村民小组三分之二以上户主讨论同意，划出原告户 0.828 亩责任承包田归第三人承包经营。原告阿敏的户口已迁至外地，非该村村民，不能享有农业责任田承包经营权。迁往外地丧失承包权。

知识储备

一、农村土地承包的原则

（1）按照规定统一组织承包时，本集体经济组织成员依法平等地行使承包土地的权利，也可以自愿放弃承包土地的权利。

（2）民主协商，公平合理。

（3）承包方案应当按照《农村土地承包法》第十二条的规定，依法经本集体经济组织成员的村民会议三分之二以上成员或者三分之二以上村民代表的同意。

（4）承包程序合法。

以案释法

　　案例 4-3 中的阿敏一家四口在第一轮承包中都属于本集体经济组织成员，因而承包了 3.98 亩土地。后来阿敏一人农转非，按照承包法规定已不是本集体经济组织成员，因而无权再承包本村土地，符合土地承包原则。

二、农村土地承包程序

（1）本集体经济组织成员的村民会议选举产生承包工作小组。

（2）承包工作小组依照法律、法规的规定拟订并公布承包方案。

（3）依法召开本集体经济组织成员的村民会议，讨论通过承包方案。

（4）公开组织实施承包方案。

（5）签订承包合同。

承包合同自成立之日起生效。承包方自承包合同生效时取得土地承包经营权。

　　县级以上地方人民政府应当向承包方颁发土地承包经营权证或者林权证等证书，并登记造册，确认土地承包经营权。农村土地承包具体程序如图 4-3 所示。

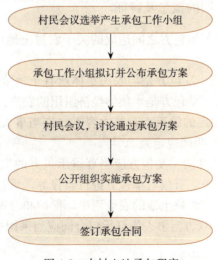

图 4-3　农村土地承包程序

以案释法

　　案例 4-3 中被告根据县、镇政府《关于延长大田承包期完善二轮承包工作意见》的文件精神，召开了村民小组长和村两委会议，制定了《该村完善二轮大田承包工作实施细则》，并经各村民小组三分之二以上户主讨论同意，划出原告户 0.828 亩责任承包田归第三人承包经营。被告的做法符合土地承包程序。

三、农村土地承包期限

承包期限是指农村土地承包经营权存续的期间，在此期间，承包方享有土地承包经营权，依照法律的规定和合同的约定，享有权利，承担义务。

耕地的承包期为 30 年。草地的承包期为 30～50 年。林地的承包期为 30～70 年；特殊林木的林地承包期，经国务院林业行政主管部门批准可以延长。

承包合同约定的承包期限短于法律规定的承包期，承包方可请求延长农村土地承包合同。《农村土地承包法》实施前已经按照国家有关农村土地承包的规定承包，包括承包期限长于《农村土地承包法》规定的，《农村土地承包法》实施后继续有效，不得重新承包土地。

> **以案释法**
>
> 案例 4-3 中被告村延长大田承包符合农村土地承包期限规定，大田属于耕地，承包期为 30 年。

四、农村土地承包合同

（一）农村土地承包合同的概念及特征

土地承包合同是发包方与承包方之间达成的关于农村土地承包权利义务关系的协议。土地承包合同具有以下特征：

1. 合同的主体是法定的　发包方是与农民集体所有土地范围相一致的农村集体经济组织、村委会或者村民小组。承包方是本集体经济组织的农户。

2. 合同内容受到法律规定的约束　有些内容不允许当事人自由约定，如对于耕地的承包期，《农村土地承包法》明确规定为 30 年。

3. 土地承包合同是双务合同　发包方应当尊重承包方的生产经营自主权，为承包方提供生产、技术、信息等服务，有权对承包方进行监督等；承包方对承包地享有占有、使用、收益和流转的权利，应当维持土地的农业用途，保护和合理利用土地等。

4. 合同属于要式合同　双方当事人签订承包合同应当采用书面形式。

（二）农村土地承包合同内容

农村土地承包合同一般包括以下条款：

（1）发包方、承包方的名称，发包方负责人和承包方代表的姓名、住所。

（2）承包土地的名称、坐落、面积、质量等级。

（3）承包期限和起止日期。

（4）承包土地的用途。

（5）发包方和承包方的权利和义务。

（6）违约责任。

承包合同生效后，发包方不得因承办人或者负责人的变动而变更或者解除，也不得因集体经济组织的分立或者合并而变更或者解除。

国家机关及其工作人员不得利用职权干涉农村土地承包或者变更、解除承包合同。

> **以案释法**
>
> ### 案例 4-4　李某签订的土地承包合同是否有效
>
> 村民李某与当时的村委会签订了一份土地承包合同。合同约定，村委会将村属的 15 亩承包地承包给李某经营，承包期限为 30 年。合同签订后，李某对所承包的土地进行了重新规范和整理，并在投资近 3 000 元的承包土地上新打了一眼深井。次年 10 月，李某所在的村委会进行了换届选举。换届后的村委会以原村委会与李某所签订的土地承包合同没有召开村民大会，违反民主议定原则为由，将李某所承包的土地强行收回。李某将村委会告上法庭，要求确认合同有效，被告继续履行合同；如果确认合同无效，要求赔偿 2 万元经济损失。
>
> 【问题】你认为合同有效吗？李某的要求合法吗？

五、农村土地承包经营权的保护

（一）承包期内承包地的交回和收回

承包期内，发包方不得收回承包地。

（1）承包期内，承包方全家迁入小城镇落户的，应当按照承包方的意愿，保留其土地承包经营权或者允许其依法进行土地承包经营权流转。

（2）承包期内，承包方全家迁入设区的市，转为非农业户口的，应当将承包的耕地和草地交回发包方。承包方不交回的，发包方可以收回承包的耕地和草地。

（3）承包期内，承包方交回承包地或者发包方依法收回承包地时，承包方对其在承包地上投入而提高土地生产能力的，有权获得相应的补偿。

> **以案释法**
>
> 案例 4-3 中原告转为非农业户口，依据本法，被告有权收回承包地转给他人承包。

（二）承包期内承包地的调整

承包期内，发包方不得调整承包地。承包期内，因自然灾害严重毁损承包地等特殊情形对个别农户之间承包的耕地和草地需要适当调整的，必须经本集体经济组织成员的村民会议三分之二以上成员或者三分之二以上村民代表的同意，并报乡（镇）人民政府和县级人民政府农业等行政主管部门批准。承包合同中约定不得调整的，按照其约定。

（三）用于调整承包土地或者承包给新增人口的土地

下列土地应当用于调整承包土地或者承包给新增人口：
（1）集体经济组织依法预留的机动地。
（2）通过依法开垦等方式增加的。
（3）承包方依法、自愿交回的。

以案释法

案例4-5　村委会能否将死亡人的承包地分给新人

某村现有部分新人未能得到承包土地。村委会是否可以将死亡人的土地收回分给新人？

根据《农村土地承包法》的规定，土地承包期内，发包方不得收回承包地。通过家庭承包取得的承包地，承包期内如果家庭成员死亡，任何组织和个人均不得收回其承包的土地（整个家庭消亡除外）。

（四）承包期内承包方自愿将承包地交回发包方的处理

承包期内，承包方可以自愿将承包地交回发包方。承包方自愿交回承包地的，应当提前半年以书面形式通知发包方。承包方在承包期内交回承包地的，在承包期内不得再要求承包土地。

以案释法

案例4-6　弃耕农民要求返还承包地可获支持

某村民前几年因为家庭负担过重而弃耕土地到深圳打工。2004年以来，中央落实一系列惠农政策，所在的省减免了全部农业税。村民听说后，就返回农村向村民小组要求返还土地，但村民小组以土地已经发包给其他人为由予以拒绝。于是，村民就想到法院通过法律途径要求返回土地，并让村里赔偿他的损失。

【问题】该村民的要求是否合理？

【提示】首先可以肯定的是该村民不是主动交回承包地，属于弃耕撂荒。根据《最高人民法院关于审理涉及农村土地承包纠纷案件适用法律问题的解释》第六条规定，因发包方违法收回、调整承包地，或者因发包方收回承包方弃耕、撂荒的承包地产生的纠纷，按照下列情形，分别处理：①发包方未将承包地另行发包，承包方请求返还承包地的，应予支持；②发包方已将承包地另行发包给第三人，承包方以发包方和第三人为共同被告，请求确认其所签订的承包合同无效、返还承包地并赔偿损失的，应予支持。但属于承包方弃耕、撂荒情形的，对其赔偿损失的诉讼请求，不予支持。所以该村民要求返还土地承包权的请求仍应该得到法律支持。

（五）妇女婚姻关系变动对土地承包的影响

承包期内，妇女结婚，在新居住地未取得承包地的，发包方不得收回其原承包地；妇女离婚或者丧偶，仍在原居住地生活或者不在原居住地生活但在新居住地未取得承包地的，发包方不得收回其原承包地。

以案释法

案例 4-7　出嫁女也应该得到补偿款

谢某原为某村村民，后嫁到外村，婚后其户口一直未迁出，生有一女，户口未在该村。2007 年该村土地依法征收，该村将获得的征收款做出了分配方案，并经村民代表大会通过，其中规定出嫁女户口未迁出也不得参加分配。因此原告谢某没有分得补偿款，她将该村告上了法庭。

法院审理认为：虽然程序合法，但其中关于出嫁女一律不参加分配的内容与现行国家政策和有关法律规定相违背，不受法律保护，因此判谢某胜诉。

（六）承包收益和林地承包权的继承

承包人应得的承包收益，依照继承法的规定继承。林地承包的承包人死亡，其继承人可以在承包期内继续承包。

以案释法

案例 4-8　非本村村民无权继承农村土地承包权

赵某系某村村民，于 1994 年外嫁到省城。1998 年，赵某所在村的村委会在第二轮土地承包时，通过召开村民代表大会，并与赵某协商后收回了赵某原有的 2.4 亩耕地，经过调整，赵某的母亲张某取得了 2.7 亩耕地的承包经营权。2006 年，村委会认为张某年事已高，无力耕作，遂与其协商将 2.7 亩承包地租赁给同组另一村民，每年给付张某租金 400 元，此款项由村委会保管。2011 年 11 月，张某病故，其 2.7 亩承包地被村委会收回。

回来料理母亲后事的赵某要求继承亡母 6 年的土地承包租金 2 400 元和 2.7 亩承包地的经营权。村委会则认为，赵某户口迁出后，已不属于本村村民，张某亡故后，该承包户实际已不存在，依法应由村集体组织收回，谈不上继承承包的可能，同理也拒绝支付租金。因协商不成，赵某将村委会告上法庭。

【问题】原告赵某是否有权继承其亡母的 2 400 元土地租金收益？是否有权继承其亡母原有的 2.7 亩耕地的承包经营权？

【提示】原告赵某有权继承其亡母 2 400 元的土地租金收益，但无权继承土地承包经营权。《农村土地承包法》规定，家庭承包的承包方是本集体组织的农户而非个人，只有作为承包农户家庭中的一员才有权耕种使用承包土地。本案原告早已外嫁省城，不是被告集体组织成员，故不享有继续承包的权利。

案例 4-3 "农转非"转出的土地承包权纠纷

法院审理后认为，1999年石梁镇政府在完善大田二轮承包工作时，根据本镇实际制订了有关政策意见，对"蓝印户口"在外县（市、区）办理的，原则上不享有承包权。被告村委会也根据本村实际，制定了《中央方村完善大田二轮承包工作实施细则》，该细则规定，对在本县的"蓝印户口"给予一半承包田，经劳动部门批准参加工作的不给承包田。

原告阿敏于1994年12月28日在该区取得"蓝印户口"。据此，被告在1999年完善大田二轮承包工作中，将原告阿敏在第一轮大田承包时承包的0.828亩土地予以调整划出，符合有关法规政策的规定。原告要求确认继续享有土地承包权的主张，缺乏事实和法律依据，法院不予支持。

2002年9月6日，该区人民法院一审判决驳回了原告的诉讼请求。

自学自练

恶意串通承包土地　法院判决合同无效

某区人民法院审理过一起土地承包纠纷案，由于原被告居心不良，包地目的是为了获得高额占地补偿金，最后被法院判决承包合同无效，土地恢复原有耕种状态，使一伙人白打了征地补偿金的主意。

1998年4月，李某来到该区某村，找到原村委会主任何某(已判刑)，说某油田要征用你们的土地，如果在土地上栽些树，等征用地时，可获得巨额征用土地的补偿费等，并说好事成后二人平分高额土地补偿费。后在何某的策划下，村委会与李某签订了《招商造林合同书》。李某从这个村承包到了180亩耕地，约定合同期为3年。李某将地包到手后，由于自己无力造林，又将地擅自转包给王某种上了一些名贵果树。可是一直等到三年合同期满，该油田也没有占用此地。李某等人不仅白打了"巨额补偿金"的主意，何某也因为在包地中受贿被判刑。

在清理土地承包问题时，该村要求收回承包给李某到期的土地，李某和王某不但拒不退还土地，还要求村里赔偿果树等费用。为此，该村将李某、王某告到该区人民法院。

【问题】你认为人民法院会如何审理？

【提示】法院经审理认为，原、被告在开始订立土地承包合同时目的不纯，双方有恶意串通损害第三人利益之目的。另外，被告李某将土地承包到手后，又擅自转包给第三人，所以该合同属于无效合同。法院根据有关法律的规定，判决原告与被告所签订的《招商造林合同书》无效，限60日内，被告及第三人将种植在原告180亩地上的名贵树木全部移走，土地恢复原状。

项目三　农村土地承包的流转

案例 4-9　土地流转，还应立个字据为证

张某与李某是同村村民。1998 年，双方通过土地二轮承包从本村各取得 4 亩土地的承包经营权，期限为 30 年，并取得由当地县政府签发的土地承包经营权证书。2002 年双方口头协议，约定由张某无偿流转 3 亩地给李某耕作；但对流转的方式、期限约定等均不明。此事得到村委会认可。镇经管站与村委会向双方发放了农民负担监督卡，确定张某的应纳税面积为 1 亩、李某的应纳税面积为 7 亩，后双方按此以各自的名义向村委会履行了合同义务。2003 年秋收结束，张某要求李某退回流转的田亩，因此双方发生讼争。

知识储备

一、农村土地承包经营权流转当事人

（1）承包方有权依法自主决定承包土地是否流转以及流转的对象和方式。任何单位和个人不得强迫或者阻碍承包方依法流转其承包土地。

（2）农村土地承包经营权流转收益归承包方所有，任何组织和个人不得侵占、截留、扣缴。

（3）承包方自愿委托发包方或中介组织流转其承包土地的，应当由承包方出具土地流转委托书。委托书应当载明委托的事项、权限和期限等，并有委托人的签名或盖章。没有承包方的书面委托，任何组织和个人无权以任何方式决定流转农户的承包土地。

（4）农村土地承包经营权流转的受让方可以是承包农户，也可以是其他按有关法律及有关规定允许从事农业生产经营的组织和个人。在同等条件下，本集体经济组织成员享有优先权。受让方应当具有农业经营能力。

（5）农村土地承包经营权流转的方式、期限和具体条件，由流转双方平等协商确定。

（6）承包方与受让方达成流转意向后，以转包、出租、互换或者其他方式流转的，承包方应当及时向发包方备案；以转让方式流转的，应当事先向发包方提出转让申请。

（7）受让方应当依照有关法律、法规的规定保护土地，禁止改变流转土地的农业用途。

（8）受让方将承包方以转包、出租方式流转的土地实行再流转，应当取得原承包方的同意。

（9）受让方在流转期间因投入而提高土地生产能力的，土地流转合同到期或者未到期由承包方依法收回承包土地时，受让方有权获得相应的补偿。具体补偿办法可以在土地流转合同中约定或双方通过协商解决。

以案释法

案例 4-10 农村承包地调整谁说了算

2001 年 4 月，蔡某所在村占用了蔡某 0.1 亩承包地。蔡某家南面有一块场地一度闲置，后由刘某等五户村民占用种植蔬菜，蔡某就提出把这块场地补偿给他，遭到刘某等人的反对。2003 年 5 月，村委会书面通知蔡某被征用承包地的面积用补划的方式解决。5 月 27 日，村委会召开村民组长代表、部分老党员会议，会议形成决议将仓库场地补偿给蔡某。同日，镇政府做出批复，同意村委会的调整方案。并组织人们去现场划地，但此时该场地已被刘某等五户种植了毛豆等农作物，划地遭到了阻挠。为此蔡某提起诉讼，要求五被告停止侵害，排除妨碍。

法院审理后认为，原、被告争执的仓库场地属于村预留的机动地，五被告对该机动地均无权占用；原告在村委会征用、占用其承包地后，依法有权获得相应补偿，但原告所提供的调整土地手续不符合土地承包法的有关规定，且至今未得到县级政府农业等行政主管部门批准，应认定该调整还未生效，蔡某尚未正式取得该地的承包经营权。因此，蔡某的诉讼请求无法得到法院的支持，法院驳回了他的诉讼请求。

二、农村土地承包经营权流转的方式

农村土地承包经营权是村民对农民集体所有的土地或者国家所有由农民集体长期使用的土地的使用权，享有自己使用收益和在一定范围内处分经营的权利。通过家庭承包取得的土地承包经营权可以依法采取转包、出租、互换、转让或者其他方式流转。流转方式及特点见表 4-2。

表 4-2 农村土地承包流转方式及特点

流转方式	流转主体	与发包方的关系
转包	本村农户之间	无需同意，备案
出租	本村以外	无需同意，备案
互换	本村农户之间	需同意变更原土地承包合同
转让	农户之间	需同意，变更原土地承包合同
入股	不确定	
拍卖	不限本村农户	

以案释法

案例 4-11　承包地转让并非自己说了算

1998 年 4 月，赵某与村委会签订了一份土地承包合同，将村里闲置的 20 亩耕地承包下来种粮食，承包期为 10 年。后由于赵某做生意，无心经营承包田，便于 2002 年 11 月，未经村委会同意，擅自将承包的 20 亩耕地转让给好友王某，并与之签订书面合同。村委会得知后，与赵某交涉无果，将赵某诉至法院，要求解除合同，并要求其赔偿损失。

本案中，赵某未经发包方村委会的同意，私自决定将自己承包的耕地转让给他人，赵某与王某签订的土地承包转让合同应认定为无效合同。

三、农村土地承包经营权流转的原则

（1）平等协商、自愿、有偿，任何组织和个人不得强迫或者阻碍承包方进行土地承包经营权流转。

（2）不得改变土地所有权的性质和土地的农业用途。

（3）流转的期限不得超过承包期的剩余期限。

（4）受让方须有农业经营能力。

（5）在同等条件下，本集体经济组织成员享有优先权。

以案释法

案例 4-12　自行换地无效　裁决恢复返还

村民石某作为家庭承包方与发包方本村村民委员会签订了土地承包合同，取得了面积为 3.13 亩的土地承包经营权并取得了农村集体土地承包经营权证书，该证书载明有效期至 2027 年 8 月 31 日。

2003 年 7 月，石某与张某等 8 人自行达成口头协议，将 3.13 亩承包地准备用于包括石某在内的 9 户建房所用，后未能办妥建房手续。并且，石与张等 8 户达成的口头协议，未经村委会同意并报发包方备案。但协议达成后，张某等 8 户农民在石某的土地上进行了生产经营。石某要求返还自己的承包地，并赔偿损失 300 元未果，遂申请至县农村土地承包纠纷仲裁委员会。

农村土地承包纠纷仲裁法庭经过审理该案，查明上述事实后认为，石某对依法取得的 3.13 亩承包地拥有合法经营权，应当受到法律保护，石某与张某等 8 户农民以口头方式进行承包地互换，其互换的目的在于改变土地承包用途，其流转行为违反法律规定，该协议为无效协议。

四、农村土地承包经营权流转的内容

（一）农村土地承包经营权流转合同

土地承包经营权采取转包、出租、互换、转让或者其他方式流转，当事人双方应当签订书面合同。土地承包经营权流转合同一般包括以下条款：

（1）双方当事人的姓名、住所。

（2）流转土地的名称、坐落、面积、质量等级。

（3）流转的期限和起止日期。

（4）流转土地的用途。

（5）双方当事人的权利和义务。

（6）流转价款及支付方式。

（7）违约责任。

承包方将土地交由他人代耕不超过一年的，可以不签订书面合同。

（二）农村土地承包经营权流转的管理

（1）发包方对承包方提出的转包、出租、互换或者其他方式流转承包土地的要求，应当及时办理备案，并报告乡（镇）人民政府农村土地承包管理部门。

承包方转让承包土地，发包方同意转让的，应当及时向乡（镇）人民政府农村土地承包管理部门报告，并配合办理有关变更手续；发包方不同意转让的，应当于7日内向承包方书面说明理由。

（2）乡（镇）人民政府农村土地承包管理部门应当及时向达成流转意向的承包方提供统一文本格式的流转合同，并指导签订。

（3）乡（镇）人民政府农村土地承包管理部门应当建立农村土地承包经营权流转情况登记册，及时准确记载农村土地承包经营权流转情况。以转包、出租或者其他方式流转承包土地的，及时办理相关登记；以转让、互换方式流转承包土地的，及时办理有关承包合同和土地承包经营权证变更等手续。

（4）乡（镇）人民政府农村土地承包管理部门应当对农村土地承包经营权流转合同及有关文件、文本、资料等进行归档并妥善保管。

（5）采取互换、转让方式流转土地承包经营权，当事人申请办理土地承包经营权流转登记的，县级人民政府农业行政（或农村经营管理）主管部门应当予以受理，并依照《农村土地承包经营权流转管理办法》的规定办理。

（6）从事农村土地承包经营权流转服务的中介组织应当向县级以上地方人民政府农业行政（或农村经营管理）主管部门备案并接受其指导，依照法律和有关规定提供流转中介服务。

（7）乡（镇）人民政府农村土地承包管理部门在指导流转合同签订或流转合同鉴证中，发现流转双方有违反法律法规的约定，要及时予以纠正。

（8）县级以上地方人民政府农业行政（或农村经营管理）主管部门应当加强对乡

（镇）人民政府农村土地承包管理部门工作的指导。乡（镇）人民政府农村土地承包管理部门应当依法开展农村土地承包经营权流转的指导和管理工作，正确履行职责。

（9）农村土地承包经营权流转发生争议或者纠纷，当事人应当依法协商解决。当事人协商不成的，可以请求村民委员会、乡（镇）人民政府调解。当事人不愿协商或者调解不成的，可以向农村土地承包仲裁机构申请仲裁，也可以直接向人民法院起诉。

案例4-9　土地流转，还应立个字据为证

法院在审理过程中，双方对土地流转的形式是转包还是转让争议很大。张某认为是转包，双方虽没有签订书面合同予以明确，但其有县政府签发的经营权证书，其与村委会的承包经营权没有终止，李某应退回流转的土地；李某认为是转让，双方虽没有转让登记，但已经村委会、镇经管站、财政所同意变更备案，双方均以各自的名义向发包方村委会履行了变更后的合同义务，张某与发包方的承包关系已经终止。

最后法院判决双方的土地承包经营权流转的形式为转让，而非转包。

承包期内果园可以有偿转包

原告张某于1996年与村委会签约承包本村果园18亩，承包合同规定，张某对果园的承包期为15年（1996年1月1日至2010年12月31日），每亩每年承包金100元，当年12月31日前交到村委会。长期以来，张某一家一直进行水果长途贩运生意，并于2002年搬到城里居住，渐渐已无暇顾及所承包的果园，果园正常的管理和经营没有保障。2002年12月，张某将自己所承包的果园以每亩每年200元的承包价格，转包给同村的果园承包户王某管理经营。果园原来的每年1800元的承包金，仍由张某向村委会交付，转包期以张某果园剩余承包期为限。

果园转包后不久，两人所在的村委会以该18亩果园的所有权属于村集体所有，张某无权转包谋利为由，将转包后的果园从王某手中强行收回并转包他人。张某在与村委会多次协商未果的情况下，以自己承包的果园未到期限、村委会无权单方违约为由，将村委会告上了法庭，要求返还果园并赔偿损失。

【问题】你认为法院会如何审理？

【提示】法院经审理认为，在约定的承包期内，村集体经济组织无权单方解除土地承包合同，也不得阻碍进城农民依法流转土地经营权。本案原告张某在自己因进城搞果品运

输销售而无暇顾及原来所承包的果园，致果园有荒废危险的情况下，将果园有偿流转给同村的果园承包户王某，使其两家的果园连成一片，进行规模化经营。同时，张某按合同约定及时足额向村集体缴纳果园承包金，于国家、集体、个人有益无害，且在转包后履行了向村委会告知的义务，其行为并无不当，应予支持，故判决村委会败诉，返还强行收回的果园，并赔偿因此给张某造成的损失 3 600 元。

项目四 农村土地承包经营争议的解决

案例4-13　仲裁化解农村复杂土地纠纷

"土地纠纷仲裁可解开了我心里的疙瘩"。王某所说的"疙瘩",是指他外出打工时,与邻居张某口头约定,把自己经营承包的两亩多土地委托给张某耕种,但没有就土地的收益进行约定。他从外地回到家乡后,想从张某手中收回土地,并要求分配张某耕种期间的收益。两人为此发生纠纷,他将张某诉至市里的农村土地承包纠纷仲裁委员会。

"这事村干部不好调解,打官司吧,还要掏诉讼费,申请仲裁不用掏钱就能解决问题。"王某说,"土地承包纠纷仲裁委把我们双方叫到一起,靠法律和人情进行了调解。以前,我对农村土地承包法不是很了解,经过仲裁,我也基本懂得了法律规定,知道法律不保护口头约定。我对调解意见基本满意。"

张某也表示接受仲裁调解意见,他说:"我和王某是邻居,以前关系不错。乡里乡亲的,抬头不见低头见,仲裁调解比法院解决好,给我们双方带来了一团和气。"

知识储备

一、土地承包经营纠纷产生的主要原因

土地承包经营纠纷主要是指在土地承包过程中发包方与承包方发生的纠纷,也包括土地承包当事人与第三人发生的纠纷。土地承包发生纠纷的原因很多,经常出现的情形有:

(1) 妇女离婚、改嫁后引起的承包权纠纷。

(2) 代耕引起的纠纷。

(3) 界址纠纷以及因道路、水路等相邻权问题而引起的纠纷。

(4) 集体机动地未按法定程序承包所产生的纠纷。

(5) 土地流转纠纷。

(6) 强种他人承包地纠纷。

(7) 村组单方面解除合同引发的纠纷。

（8）镇村建设用地纠纷。

（9）家庭内部因对承包地流转处置的不同意见而引起的纠纷。

（10）土地补偿纠纷。

> **以案释法**
>
> 案例 4-12 就是由于代耕引起的纠纷。

二、土地承包经营纠纷的解决方式

（1）因土地承包经营发生纠纷的，双方当事人可以通过协商解决，也可以请求村民委员会、乡（镇）人民政府等调解解决。

（2）当事人不愿协商、调解或者协商、调解不成的，可以向农村土地承包仲裁机构申请仲裁，也可以直接向人民法院起诉。

（3）当事人对农村土地承包仲裁机构的仲裁裁决不服的，可以在收到裁决书之日起 30 日内向人民法院起诉。逾期不起诉的，裁决书即发生法律效力。

土地承包经营纠纷的解决方式如图 4-4 所示。

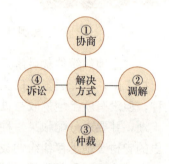

图 4-4　土地承包经营纠纷的解决方式

> **知识拓展**
>
> 土地承包经营纠纷中，政府只有调解的权力，不能直接做出行政裁决。

> **以案释法**
>
> ### 案例 4-14　对农村土地承包经营权权属争议镇政府有无确权职责
>
> 某村村民甲在 1984 年第一轮农村土地承包时，承包了该村 5.4 亩土地，并取得了农村土地承包经营权证书。1996 年，甲外出打工，该 5.4 亩土地由村民乙耕种。1999 年该村土地调整时，将该 5.4 亩土地登记在乙的名下，并给乙发放了农村土地承包经营权证书。2004 年，甲回村，要求乙返还土地。遭乙拒绝。2006 年 2 月，某镇政府做出土地权属确权决定书，将 5.4 亩土地的承包经营权确权给乙所有。甲不服，于 2006 年 12 月 16 日向人民法院提出行政诉讼，以政府无权对农村土地承包经营权权属争议进行确权为由，要求撤销镇政府的确权决定。
>
> "职权法定"是行政主体获得行政职权的基本原则。行政主体有没有对某项事务管理的行政职权，关键要看该行政主体有没有法律授权依据。根据上述法律条文规定，农村土地承包法并没有赋予政府对农村土地承包经营权权属争议

确权的法定职权。《国土资源部土地权属争议调查处理办法》第十四条第（四）项明确规定，农村土地承包经营权争议案件，不属于县级以上国土资源行政主管部门和乡镇人民政府受理土地权属争议的案件范围。可见，镇政府无权对农村土地承包经营权权属争议做出确权决定。

三、土地承包经营纠纷的法律责任

任何组织和个人侵害承包方的土地承包经营权的，应当承担民事责任。发包方有下列行为之一的，应当承担停止侵害、返还原物、恢复原状、排除妨害、消除危险、赔偿损失等民事责任：

（1）干涉承包方依法享有的生产经营自主权。

（2）违反《农村土地承包法》规定收回、调整承包地。

（3）强迫或者阻碍承包方进行土地承包经营权流转。

（4）假借少数服从多数强迫承包方放弃或者变更土地承包经营权而进行土地承包经营权流转。

（5）以划分"口粮田"和"责任田"等为由收回承包地搞招标承包。

（6）将承包地收回抵顶欠款。

（7）剥夺、侵害妇女依法享有的土地承包经营权。

（8）其他侵害土地承包经营权的行为。

以案释法

案例 4-15　"出嫁女"土地承包经营权纠纷仲裁

一、案情简介

申请人：李某某，某村三组村民

委托代理人：于某某，某律师事务所律师

被申请人：某村村民委员会，法定代表人孙某某

第三人：李某某，某村东组村民

1998 年土地二轮延包时，申请人一家 5 口承包了某村 13 亩耕地，乡人民政府为其颁发了土地承包经营权证。2002 年申请人的女儿婚出，但在婆家没有得到承包地。2003 年 10 月，被申请人以申请人女儿出嫁为由，按照村规民约收回申请人的 3 亩承包地，重新发包给本组村民李某某耕种。2004 年 9 月，申请人向被申请人提出要求返还自己的 3 亩承包地。发包方及第三人均不同意，经调解无效，2005 年 8 月，申请人向某市农村土地承包仲裁委员会提出仲裁申请。

二、诉求及争议焦点

申请人要求被申请人所在村村民委员会及第三人李某某返还其 3 亩耕地。

本案争议焦点主要有三个：一是申请人是否属于自愿放弃承包地，二是被申请人以妇女婚出为由收回承包地重新发包的行为是否合法有效，三是申请人的仲裁申请是否超过仲裁时效。

三、案例评析

这是一起典型的因发包方调整、收回承包地产生的纠纷。

1. 关于承包方自愿退地的界定。《农村土地承包法》规定，承包方自愿交回承包地的，应当提前半年以书面形式通知发包方。《最高人民法院关于审理涉及农村土地承包纠纷案件适用法律问题的解释》规定，承包方交回承包地不符合《农村土地承包法》规定程序的，不得认定其为自愿交回。因此，被申请人依照村规民约调整承包地，承包方在其承包地被调整时虽没提出异议，但不能视为申请人自愿放弃承包地。

2. 发包方调整、收回承包地是否合法的界定。关于发包方调整、收回承包地，《农村土地承包法》规定：承包期内，发包方不得收回承包地；承包期内，发包方不得调整承包地。承包期内，因自然灾害严重毁损承包地等特殊情况需要适当调整的，必须经过本集体经济组织成员的村民会议三分之二以上成员或者三分之二以上村民代表的同意，并报乡镇人民政府和县级人民政府农业行政主管部门批准。关于婚出妇女承包地问题，《农村土地承包法》规定，承包期内，妇女结婚，在新居住地未取得承包地的，发包方不得收回其原承包地。因此，发包方以申请人女儿出嫁为由，按照村规民约收回其承包地属违法行为。

3. 仲裁时效的认定。申请人耕地被调整的时间是 2003 年 10 月，2004 年 9 月，申请人向发包方提出要求返还其承包地，2005 年 8 月，提出仲裁申请（当事人向仲裁委员会申请仲裁，应从其知道或者应当知道权利被侵害之日起 1 年内提出，侵权人愿意承担侵权责任的不受时效限制）。据此裁定，申请人的仲裁申请不超过仲裁时效。

四、裁决结果

该市农村土地承包仲裁委员会依法受理并进行调解。调解无效后，依照《农村土地承包法》和《最高人民法院关于审理涉及农村土地承包纠纷案件适用法律问题的解释》等规定，该市农村土地承包仲裁委员会根据双方当事人和第三人提供的有效证据及庭审调查，依法做出如下裁决：

1. 申请人自愿放弃承包地不成立。

2. 被申请人收回申请人的 3 亩承包地并重新发包的行为属违法行为。

3. 申请人的仲裁申请不超过仲裁时效。

4. 被申请人及第三人自裁决生效之日起 5 日内将所争议的 3 亩耕地返还给申请人继续耕种。

案例点评

案例 4-13　仲裁化解农村复杂土地纠纷

当前农村土地承包经营纠纷主要表现为三类：一是像王某一样，外出务工农民要求回收土地承包经营权引发纠纷，此类纠纷约占 70％；二是部分村民要求承包土地再分配引发纠纷，此类纠纷在人地矛盾突出的村组经常发生，约占 20％；三是要求解决遗留问题引发纠纷，如对二轮承包以前就存在的历史纠纷或因征占耕地后补偿不到位的问题，要求基层组织予以解决，此类纠纷约占 10％。

越来越多的农民开始通过申请仲裁维护自己的土地承包合法权益。仲裁和调解犹如润滑剂，化解由农村土地承包纠纷引发的矛盾，得到了广大农村干部和群众的普遍认可和欢迎。

自学自练

土地流转纠纷解决，先仲裁

申请人：李某某，某村某组村民

委托代理人：陈某某，某村所属某镇法律工作者

被申请人：向某某，某村某组村民

申请人因家庭负担过重，经当时的生产队长孙某某牵头，于 2000 年将 9.9 亩承包耕地租给被申请人耕种，口头约定租赁期限为 5 年。被申请人在租赁期后，不愿将承包耕地返还给申请人，且拒绝孙某某和村委会的调解，申请人因此提起仲裁。

申请人要求收回被申请人种植的 9.9 亩土地的承包经营权。

【问题】申请人能否胜诉？

【提示】这是一起典型的因土地承包经营权流转发生的纠纷。在案例分类上，申请人提出确认土地承包经营权归属的仲裁申请，应按确认土地承包经营权纠纷归类。

1. 土地承包经营权归属。申请人按照国家农村土地承包有关法律法规，依法承包了 9.9 亩土地，合法取得了土地承包经营权。1998 年农村土地二轮延包时，发包方将该 9.9 亩土地又延包给申请人。但是申请人由于家庭负担过重，劳动力弱，无耕种能力，通过生产队将土地合法流转给被申请人，并约定了流转期限。流转期满后，申请人向被申请人要回承包土地，符合《农村土地承包法》。《农村土地承包法》第九条规定："国家保护集体土地所有者合法权益，保护承包方的土地承包经营权，任何组织和个人不得侵犯。"《物权法》第三十四条规定："无权占有不动产或动产的，权利人可以请求返还原物。"第一百一

十七条规定："用益物权人对他人所有的不动产或动产依法享有使用和收益的权利。"因此，对申请人向被申请人要回承包地的请求，予以支持。

2. 申请人与被申请人之间土地流转行为是否有效。根据《农村土地承包法》第三十二条规定："通过家庭承包方式取得的土地承包经营权可以依法采取转包、出租、互换、转让或者其他方式流转。"申请人通过生产队长，将承包地合法流转给被申请人，并约定了流转期限，申请人履行了与被申请人的口头约定，这是一种有效的转包行为。

3. 何时可以解除流转协议。申请人与村民小组委托流转关系没有签订书面合同，没有约定流转期限；村民小组与被申请人的土地流转也没有签订书面流转合同，但有明确流转期限。依照《最高人民法院关于审理涉及农村土地承包纠纷案件适用法律问题的解释》第十七条第一款规定："当事人对转包、出租地流转期限没有约定与约定不明的，参照合同法第二百三十二条规定处理。"《合同法》第二百三十二条规定："当事人对租赁没有约定或者约定不明确，依照本法第六十一条的规定仍不能确定的，视为不定期租赁。当事人可以随时解除合同，但出租人解除合同应当在约定期限前通知承租人。"申请人与被申请人虽未签订书面合同，但有口头约定种植期限，视为定期转包，到期后申请人可以收回承包土地。

该县农村土地承包仲裁委员会依法做出如下裁决：被申请人在2008年秋季收获结束时，将9.9亩耕地返还给申请人。

抢占他人土地，应承担民事责任

一、案情简介

原告：甲村村委会。

被告：乙村村委会。

被告：乙村姬某等5村民。

随着黄河主流西移，某乡地段的黄河东岸出现大片滩涂地，名为三角滩地。1989—1991年，原告甲村在三角滩地上开垦荒地近500亩，1991年，市政府对甲村开垦的三角滩地确定了使用权，甲村即一直耕种并每年向所在乡政府缴纳滩涂管理费。1997年，市政府发文明确三角滩地由乡政府统一管理使用。1997年4月，乡政府三角滩地发包，乙村村民即被告姬某等5人以15 000元中标，双方签订了承包合同并进行了公证。在此前后，甲村村民多次上访，要求乡政府退回其开垦并耕种多年的三角滩地。1997年9月3日，市委为解决黄河三角滩地纠纷，形成了会议纪要。乡政府按纪要精神，于同月6日与原承包户达成终止合同的协议，乡政府退回承包款及利息，并赔偿旋耕费、伏耕费、误工费等。被告姬某等5人领取了上述退赔款项。9月12日，在被告姬某等5人的直接参与指挥下，乙村村民将三角滩地强行种上小麦，经乡政府多次做工作，未能得到解决。

二、当事人诉求

原告甲村村委会向市人民法院提起诉讼请求依法判令被告停止侵权，交回土地。

【问题】原告能否胜诉？

【提示】市人民法院经审理认为：乡人民政府与5被告在1997年4月签订的黄河三角滩地合同，已被双方于同年9月6日达成的终止合同协议解除，5被告领取了15 000元承包款及4 640元赔偿金，乡政府与5被告有关滩地承包合同的权利义务已完全消失。9月12日，乡政府与原告签订了该滩地承包合同，原告履行了缴纳承包款15 000元的义务，取得了承包经营权。5被告明知乡政府已将该地承包给原告，强行组织人员耕种，已构成侵权，原告要求判令被告停止侵权的主张合理合法。考虑到5被告在诉争的滩地上已投资化肥、小麦种子等，并付出了一定劳动，可给其一定的经济补偿。因被告乙村村委会否认其组织或参与5被告耕种该滩地，原告亦未提供证据证实，故原告要求被告乙村村委会承担民事责任的主张，不予支持。市人民法院于1998年3月10日判决如下：

1. 被告姬某等5人立即停止对黄河三角滩地的侵权行为。由原告甲村村委会依法对承包地进行经营管理。

2. 原告甲村村委会一次性给付被告姬某等5人经济补偿15 827元（按每亩35元，共452. 2亩计）。

3. 驳回原告甲村村委会诉被告乙村村委会侵权的诉讼请求。

土地承包合同（范本）

甲方：_____

乙方：_____

身份证号码：

依照《中华人民共和国合同法》《中华人民共和国农村土地承包法》等法律、法规的规定，本着"公开、诚信、平等、自愿"的原则，经甲、乙双方友好协商，就林地土地承包事宜达成如下条款，以兹共同遵守。

一、甲方将依法取得在_____县_____乡（镇）_____村_____村民组林地的土地经营权转让给乙方。

二、合同期限从_____年_____月_____日起到_____年_____月_____日止。

三、四至界限见附图。

四、转让价格：本合同期限内按每亩_____元一次性结清。

五、结算方式：现金结算，甲、乙双方以收据为凭。

六、甲方转让的土地不能有任何争议、纠纷和债务。

七、乙方在本合同期限内享有独立的生产自主权、经营权及甲方享有的所有权利，但不能改变土地用地性质，甲方不得以任何理由干扰乙方的正常生产经营活动。

八、违约责任：上述条款是甲、乙双方在完全平等、自愿的基础上达成的，任何一方不得以任何借口违约，否则单方违约给对方造成的经济损失全部由违约方承担。

九、本合同自双方签字之日起生效，一式三份，甲、乙双方各执一份，报送主管部门备案一份。

甲方：

乙方：

年　　　月　　　日

合同编号：_____

农村土地承包经营权流转合同（范本）

甲方（出让方）：_____

乙方（受让方）：_____

根据《中华人民共和国合同法》《中华人民共和国农村土地承包法》及其他有关法律法规的规定，本着平等、自愿的原则，甲乙双方就农村土地承包经营权流转事宜协商一致，订立本合同。

一、土地基本情况

该土地位于_____市_____区（县）_____乡（镇）_____村_____组（具体情况见下表）。

序号	地块名称（地块编号）	等级	面积（亩）	四至				土地承包经营权证或承包合同编号
				东	南	西	北	
1								
2								
合计								

二、流转期限

流转期限：_____年_____月_____日至_____年_____月_____日。

三、土地的用途

该土地以_____方式流转给乙方经营，具体项目为：_____，流转期内，乙方不得擅自改变流转用途或用于非农建设。

四、土地交付时间

甲方应于_____年_____月_____日前将流转土地交付乙方。

五、流转价款

双方同意选择以下第_____种方式确定。

1. 流转单价为每年每亩_____元，合计_____元。

2. 第一年流转单价为每亩_____元，以后每年递增比例为_____％，合计_____元。

3. 第一年流转单价为每亩_____元，以后每年流转单价按每亩_____千克稻谷的当地政府收购指导价进行计算。

4. 其他：_____。

六、支付方式

双方同意流转价款按下列第_____种方式支付。

1. 一次性支付：于_____年_____月_____日前全部支付完毕。

2. 分期支付：乙方应在_____年_____月_____日前向甲方支付第一年度流转价款，以后每年_____月_____日前付清该年度流转价款。

3. 其他：_____。

七、定金

乙方应于本合同生效后_____日内向甲方支付_____元作为定金，定金在合同终止时返还。乙方不履行约定的债务的，无权要求返还定金，甲方不履行约定债务的，应当双倍返还定金。

八、双方权利和义务

1. 甲方有权获得流转收益，有权按照合同约定的期限到期收回流转的土地。

2. 甲方有权要求乙方按约履行合同义务，有权监督乙方合理利用土地，制止乙方损坏土地和其他农业资源的行为。

3. 流转土地被依法征收、征用、占用时，双方有权依法获得相应的补偿。

4. 甲方尊重乙方的生产经营自主权，不得干涉乙方依法进行正常的生产经营活动。

5. 甲方保证其流转的土地承包经营权合法、真实、有效。

6. 乙方不得损害农田基础设施，不得从事掠夺性经营，不得给土地造成永久性损害。

7. 未经甲方同意，乙方不得将土地再一次流转。

8. 合同期满后，乙方的相关设施及地上附着物，双方同意按以下第_____种方式处理。

（1）归甲方所有，甲方不进行补偿。

（2）双方协商通过折价方式由甲方给予乙方补偿，归甲方所有；协商不成的，由乙方在_____日内拆除，恢复原状，甲方不进行补偿。

九、违约责任

1. 乙方逾期支付流转费用的，每逾期一天，应向甲方支付_____元违约金。

2. 甲方逾期交付土地的，每逾期一天，应向乙方支付_____元违约金。

3. 发生下列情况，甲方有权解除合同，给甲方造成损失的，乙方应予赔偿。

（1）乙方改变土地农业用途的。

（2）乙方从事掠夺性经营，造成土地永久性损害的。

（3）乙方在取得土地承包经营权后，抛荒土地达到_____月的。

4. 甲方非法干预乙方正常生产经营活动，给乙方造成损失的，应予以赔偿。

十、争议解决方式

双方发生争议的，可以自行和解，也可以请求村民委员会、乡（镇）人民政府等调解。双方和解、调解不成或者不愿和解、调解的，可以向_____区（县）农村土地承包仲裁委员会申请仲裁，也可以直接向人民法院提起诉讼。

十一、附则

1. 本合同自甲乙双方签字或盖章之日起生效。

2. 本合同一式四份，双方各执一份，发包方和乡（镇、街道）农村土地承包管理部门各备案一份。

甲　　方：	乙　　方：
身份证明：_____	身份证明：_____
号　　码：_____	号　　码：_____
住　　所：_____	住　　所：_____
联系方式：_____	联系方式：_____
签约日期：_____	签约日期：_____

模块五

农业生产经营与农业资源环境保护法律制度

项目一　中华人民共和国农业法
项目二　中华人民共和国种子法
项目三　中华人民共和国土地管理法
项目四　环境保护法律制度

农业生产经营与农业资源环境保护法律制度是我国农业法规体系中的重要组成部分，是农村进行生产经营活动以及农业资源利用和保护的法律保证。

项目一 中华人民共和国农业法

案例 5-1　农民的合法权益得到保护

2010 年 5 月 7 日，某镇政府接到该镇 18 户村民举报，反映他们在该镇农资经营部购买的除草剂，在用于水稻除草时，造成水稻秧苗不同程度受损。镇政府立即组织技术人员进行田间调查，调查结果表明，使用除草剂的水稻秧田中，有 1.8 亩的水稻秧苗损害严重，已无法移栽，7.7 亩的秧苗受到不同程度损害。

5 月 8 日，所属市农业局执法大队也接到农户相同举报。执法大队立即组织执法人员和相关专业技术人员到现场进行勘验调查。调查表明，该镇农资经营部的"××"除草剂为某化工股份有限公司生产，规格为 30 克/包。该除草剂外包装上说明其为水稻移栽田除草剂，不能用于直播田和抛秧田。经营部经营人员申某误将该产品作为水稻秧母田除草剂向农户推销，造成该镇 18 户村民的 9.5 亩秧母田秧苗不同程度受损。损害发生后，农资经营部积极配合执法部门调查，表示愿意赔偿受损农户损失。

根据调查结果，该市农业局认为，该农资经营部经营"××"除草剂的行为违反了《××省农药管理条例》第十六条的规定，按照《××省农药管理条例》第三十一条规定，决定给予镇农资经营部责令停止违法行为并处 150 元罚款的行政处罚。在市农业局和镇政府的协调下，申某还向 18 户受损农户支付赔偿金 955 元。

知识储备

广义的农业法是国家权力机关、国家行政机关（包括有立法权的地方权力机关、地方行政机关）制定和颁布的规范农业经济主体行为和调控农业经济活动以及农业生态、农业社会关系的法律、行政法规、地方法规和政府规章等规范性文件的总称，也称为农业法规体系。狭义的农业法则仅是农业法典，即国家权力机关通过立法程序制定和颁布的，对于农业领域中的根本性、全局性的问题进行规定的规范性文件，即《中华人民共和国农业法》（以下简称《农业法》）。本项目主要介绍狭义的农业法。

一、《农业法》的立法目的

2012 年 12 月 28 日第十一届全国人民代表大会常务委员会第三十次会议通过了《关于修改〈中华人民共和国农业法〉的决定》，对《农业法》进行了第二次修正，并于 2013 年 1 月 1 日起实施。

《农业法》的第一章第一条表明："为了巩固和加强农业在国民经济中的基础地位，深化农村改革，发展农业生产力，推进农业现代化，维护农民和农业生产经营组织的合法权益，增加农民收入，提高农民科学文化素质，促进农业和农村经济的持续、稳定、健康发展，实现全面建设小康社会的目标，制定本法。"本条款阐明了农业法的立法目的，可以从以下三个方面来理解：

（一）巩固和加强农业在国民经济中的基础地位

农业是国民经济的基础。农业在国民经济中的基础地位和作用主要表现在：农业是人类衣食之源，生存之本；为工业发展提供原料；为工业和整个国民经济提供劳动力；是最广阔和最具潜力的市场；农产品是出口创汇的重要项目。农业是国民经济发展、社会安定、国家自立的基础。农业的基础地位是否稳固，农村经济是否繁荣，具有极其重要的政治和社会意义。

新中国成立以来的历史经验证明，一旦忽视了农业，削弱了农业发展的后劲，不仅会导致农业生产的滑坡，而且必然使其他产业的发展也出现问题。保障农业的持续、稳定、健康发展，处理好农业发展同其他产业发展的关系，是我国国民经济和社会持续、稳定、健康发展的基本前提之一。为了实现"巩固和加强农业在国民经济中的基础地位"的立法目的，《农业法》从加大对农业的支持保护力度、加强农业基础设施建设、促进农业科技与教育事业的发展、保护农业生态环境等几个方面，做了详细的规定。

（二）统筹考虑农业、农村和农民问题，深化农村改革，促进农业和农村经济的持续、稳定、健康发展

"农业、农村和农民问题，是关系改革开放和现代化建设全局的重大问题。没有农村的稳定就没有全国的稳定，没有农民的小康就没有全国人民的小康，没有农业的现代化就没有整个国民经济的现代化。稳住农村这个大头，就有了把握全局的主动权。"《农业法》围绕促进农业和农村经济发展统筹考虑了农业、农村和农民问题，将党在新时期关于"三农"问题的方针政策和重大措施上升为法律规范。为了促进深化农村改革，调动广大农民的积极性，《农业法》在强调国家长期稳定家庭承包经营制度，保护农民对承包土地的使用权的基础上，围绕建立农业社会化服务体系、农产品市场体系和国家对农业的支持保护体系，加快农业结构调整，提高农民的组织化程度，大力发展农业产业化经营，创新农村经营体制，保护农民和农业生产经营组织的合法权益，增加农民收入，提高农民的科技文化素质等方面做了系统的规定。

（三）为实现全面建设小康社会的目标而奋斗

党的十六大明确指出，统筹城乡经济发展，建设现代农业，发展农村经济，增加农民收入，是全面建设小康社会的重大任务。这说明，实现全面建设小康社会的伟大历史性任务，重点和难点都在农村。

（1）只有广大农村居民生活能够实现小康，全国才能完成建设小康社会的目标。

（2）当前国民经济发展的突出矛盾是农民收入增长缓慢。农民收入上不去，提高农业生产水平、开拓农村市场、改善农民生活就难以实现。这不仅是农村经济发展中的紧迫问题，也是贯彻扩大内需的方针、促进整个国民经济持续快速健康发展的关键问题。

（3）我国城乡二元经济结构还没有改变，城市与农村发展差距甚至还在扩大，地区间发展不平衡的矛盾也十分突出。我国社会主义初级阶段是不发达的阶段，农村尤其不发达，表现在生产力落后、市场化程度低、农业人口多、农民生活水平低、科技教育文化落后等。农村能否完成建设小康社会的各项任务，对全国来说举足轻重。《农业法》的贯彻实施，必将进一步推动农村深化改革，解放和发展农村生产力，调动农民的积极性，为提高农业的产出和效益、增加农民收入、促进农业和农村经济的发展、实现全面建设小康社会的目标发挥重要作用。

二、《农业法》的适用范围

《农业法》的适用范围包括农业范围、农业生产经营活动范围、法律关系主体范围、地域范围，具体见表 5-1。

表 5-1　《农业法》的适用范围

项　　目	范　　围
农　　业	指种植业、林业、畜牧业和渔业等产业，包括与其直接相关的产前、产中、产后服务
农业生产经营活动	农业生产的产前、产中、产后各项生产经营活动以及直接为生产经营提供的各项服务（农业生产资料供应、农产品流通、农业投入、农业技术推广、农业资源保护、环境保护）
法律关系主体	一是直接从事农业生产经营活动的农业劳动者（农民、农业企业职工）与农业生产经营组织（集体经济组织、国有农业企业和其他农业企业）；二是管理农业和为农业服务的国家机关、有关组织（合作社组织）和个人
地　　域	种植业、林业、畜牧业在领域的范围内发展，渔业还要扩大到领海（12 海里）和其他管辖海域（专属经济区，200 里；大陆架）

> **知识链接**
>
> **《农业法》中一些基本概念的法律界定**
>
> ● **农业**　指种植业、林业、畜牧业和渔业等产业，包括与其直接相关的产前、产中、产后服务。

- **农业生产经营组织**　指农村集体经济组织、农民专业合作经济组织、农业企业和其他从事农业生产经营的组织。
- **农业集体经济组织**　指从事农业生产经营活动为主的农村承包经济组织和合作经济组织。
- **国有农业企业**　包括国有农、林、牧、渔、水利企业等。
- **其他农业企业**　指私营农业企业与外商合资农业企业等。
- **农业劳动者**　农民和其他从事农业生产经营活动的公民。
- **农民**　具有农业户口、从事农业生产经营活动的人。
- **农村集体经济组织**　指以原人民公社"三级所有、队为基础"为原则形成的、按地域划分的生产资料归农民集体所有的集体经济组织。

以案释法

　　案例 5-1 中该镇农资经营部经营人员申某误将不能用于直播田和抛秧田的水稻移栽田除草剂作为水稻秧母田除草剂向农户推销，造成该镇 18 户村民的 9.5 亩秧母田秧苗不同程度受损。该行为属于经营部直接为农民生产经营提供农业生产资料供应服务时，给农民造成损失，适合《农业法》的调整范围。

三、《农业法》的指导思想与基本原则

(一)《农业法》立法的指导思想

　　《农业法》立法的指导思想是以国家基本法的形式保障农业在国民经济的基础地位，把党和国家发展农村社会主义市场经济的一系列大政方针和基本政策规范化、法律化、制度化，为农业持续、稳定、健康、协调发展提供必要的法律保障。

(二)《农业法》的基本原则

　　《农业法》的基本原则是制定、解释和实施《农业法》的指导思想，是国家干预农业的基本规律的集中表现，是国家对农业实施干预以及农业生产经营主体和其他有关主体从事农业活动及其相关活动的法律准则。

　　《农业法》的基本原则可以概括为以下四个方面的内容：

　　1. 保障农业在国民经济中的基础地位原则　保障农业在国民经济中的基础地位原则是指《农业法》的制定和实施都以保障农业的基础地位为出发点和落脚点，这是《农业法》的一项核心、基础性、目的性原则，是实现农业持续、稳定、协调发展的根本保证，是我国国民经济发展的客观要求，是《农业法》中最基本的内容。《农业法》第三条第一款规定："国家把农业放在发展国民经济的首位。"这一规定是其原则的法律表现形式，把保障农业的基础地位用法律形式固定下来，集中反映了要确立农业在国民经济中的首要地位，强调了《农业法》所追求的主导方向及其法律地位。

保障农业在国民经济中的基础地位，有利于更好地发展农村社会主义市场经济，促进农业持续、稳定、协调发展；有利于保证人民生活的基本需要和满足第二产业、第三产业发展的需要；有利于实现农村社会的全面进步和共同富裕。农业是一切社会存在和发展的基础，是一个社会效益高而自身效益低的产业。特别是在我国这个人口众多的农业大国，农业始终是国民经济发展、社会稳定和国家自立的基础。没有农业的发展就没有农村的稳定，没有农村的稳定和全面进步，就不可能有整个社会的稳定和全面进步。在发展社会主义市场经济的过程中，仍迫切需要以法律形式确立农业在国民经济中的基础地位，以更好地贯彻以农业为基础的原则，保障农业持续、稳定、协调发展。要切实保障农业在国民经济中的基础地位，应当着重加强对农业宏观调控法律制度的立法研究，重视加强国家对农业的支持和保护工作，从总体上为巩固农业的基础地位提高法律保障。

2. 保护"三农"利益原则　保护"三农"利益原则，也可以称为"保护农益"原则或"三农"保护原则，是指农业立法、执法、监督和司法要根据宪法和农业基本法的要求，切实保护农业、农村和农民的根本利益，并给予适度的政策以及资金等倾斜性支持。该原则体现了农业经济的基础地位，回应了农村社会基础薄弱以及农民处于弱势群体地位的现实。支持与保护"三农"利益原则体现了《农业法》的公正价值观，是《农业法》的根本价值观原则或者说"维权原则"。《农业法》中的许多基本方针和制度体现了保护"三农"利益的原则。

（1）体现保护农业利益的原则。如第六章专门规定了农业投入与支持保护制度，明确了财政预算内投入农业资金的使用方向；鼓励农民和农业生产经营组织增加农业投入，鼓励社会资金投向农业，促进农业扩大利用外资；鼓励和支持开展多种形式的农业生产产前、产中、产后的社会化服务；健全农村金融服务体系，对农民和农业生产经营组织的农业生产经营活动提供信贷支持；建立和完善农业保险制度；建立符合世贸组织规则的农业保护机制。

（2）体现保护农民利益的原则。如第九章的农民权益保护，围绕保护农民和农业生产经营组织的财产及其他合法权益，重点有以下几个方面：

①农民和农业生产经营组织有权拒绝乱收乱罚、非法摊派及集资，禁止强行以资代劳。

②保护农民的土地承包权，国家依法征收农民集体所有的土地，应当依法给予农民和农村集体经济组织征地补偿。

③单位和个人向农民或者农业生产经营组织提供生产、技术、信息、文化、保险等有偿服务，必须坚持农民自愿原则，不得强迫。

④农产品收购单位在收购农产品时，不得压级压价，不得在支付的价款中非法扣缴任何费用。

⑤当农民的权益受到侵犯时，为农民提供法律援助。

（3）体现保护农村利益的原则。如第十章农村经济发展体现了保护农村利益的原则。主要规定了国家坚持城乡协调发展的方针，扶持农村第二、第三产业的发展，调整农村经济结构。具体包括：

①促进城乡协调发展。

②扶持发展乡镇企业，转移富余农业劳动力。

③有重点地推进农村小城镇建设，引导乡镇企业相对集中发展。

④加强农村社会保障建设。

⑤支持农村公益事业发展。

对"三农"利益的保护是一个有机统一体，对农业的保护是先导，对农村的保护是基础，对农民的保护是目的，对农民权益的保护反过来又能够促进对农业和农村利益的保护。

3. 坚持科教兴农和农业可持续发展的原则　《农业法》总则中的第六条规定："国家坚持科教兴农和农业可持续发展的方针。国家采取措施加强农业和农村基础设施建设，调整、优化农业和农村经济结构，推进农业产业化经营，发展农业科技、教育事业，保护农业生态环境，促进农业机械化和信息化，提高农业综合生产能力。"

《农业法》通过法律规定，支持和鼓励农业科技与农业教育发展，坚持科教兴农方针，促进农业可持续发展。《农业法》第七章规定农业科技与农业教育，阐述了科教兴农的主要内容包括农业科技、农业教育发展规划；农业科技开发与农业知识产权保护；农业技术推广以及农业职业教育等内容。

农业的可持续发展要以保护农业资源和农业生态环境为基础。《农业法》第八章农业资源与农业环境保护，确立了保护和改善生态环境的目标；对土地资源的利用保护做了进一步规定，严格保护耕地、森林植被和水资源；防治水土流失、土地荒漠化和环境污染；保护林地、草原、水域及野生动物资源等；改善生产条件，提供生产效益；保护生态环境，实现农业的可持续发展。

4. 坚持和完善公有制为主体，多种所有制经济共同发展，振兴农村经济的原则　国家坚持和完善公有制为主体、多种所有制经济共同发展的基本经济制度，振兴农村经济。《农业法》重申了国家长期稳定农村以家庭承包经营为基础、统分结合的双层经营体制；实行农村土地承包经营制度，依法保障农村土地承包关系长期稳定，保护土地承包人的合法权益；确立了农民专业合作经济组织的法律地位和组织原则；明确了农产品行业协会的法律地位和职责；提出了农产品购销实行市场调节和农产品市场体系建设的原则；规定了农村金融和农业保险发展的方向。这些规定，既肯定了农村改革的成果，又考虑了农业发展的前瞻性，必将对深化农村改革产生积极的促进作用。

案例 5-1　农民的合法权益得到保护

本案中，某市农业局对镇农资经营部经营"××"除草剂的情况按照行政处罚程序依法进行了调查取证，确认其违反了《××市农药管理条例》第十六条关于"农药经营单位或经营网点的营业人员，应当向农药使用者说明农药的用途、使用方法、用量、中毒急救措施和注意事项，不得误导农药使用者扩大农药的适用范围"的规定，在其向受损害的农户承担赔偿责任后，根据其财产状况、违法行为的情节和对危害后果的消除态度，根据《××市农药管理条例》第三十一条关于"给农药使用者造成损失的，应依法赔偿，并由县级以上农业行政主管部门处以损失额2倍以下的罚款"的规定给予了从轻处罚，既保护了农民的合法权益，又维护了正常的农药经营秩序。

粮管所拖欠售粮款案

原告王某与被告某县粮食局甲粮管所拖欠售粮款一案。本院受理后，依法组成合议庭，公开开庭进行了审理。原告王某及其委托代理人张某到庭参加诉讼。被告甲粮管所经本院合法传唤，无正当理由拒不到庭，本案现已审理终结。

原告王某诉称，某年夏粮征购期间，原告出售给被告甲粮管所小麦 139 千克，单价每千克 1.5 元，共计款 208.5 元。被告给原告开具一过磅单，后原告多次讨要，被告总以乡政府截留为由不予支付，使售粮款一直得不到兑现。故请求：1. 要求被告支付售粮款 208.5 元；2. 要求被告赔偿其他经济损失 300 元（其中包括诉讼代理费 100 元，打印费 15 元，乘车费 12 元，生活费 22 元，误工补助 7 天计 105 元，以及欠款至今的银行利息）。

被告甲粮管所无作答辩。

经审理查明，当年夏粮征购时节，原告王某出售给被告甲粮管所小麦 139 千克（属公粮定购部分）为三等级小麦，单价每千克 1.5 元，被告将粮食收下后，没有支付现款，而是给原告出具了一份入库过磅单。待原告持过磅单向被告讨要粮款时，被告称粮款已付给乡财政所，指使原告去乡财政所取款，待原告去乡财政所讨要粮款时，乡财政所称要扣除原告依法规定应上缴的村提留、乡统筹等，被原告拒绝后，引起原告提起诉讼。

【问题】 你认为原告能胜诉吗？

【提示】 法院认为，被告向原告收购粮食，应将粮款及时支付给原告，而被告却将粮款付给乡财政所，由财政所代扣原告应上缴的村提留、乡统筹等，此行为与国家政策、法律相悖，现原告以被告出具的收粮单据为依据提起诉讼，要求支付售粮款及滞延支付售粮款之利息的请求理由正当，证据充分，应予支持。原告的其他请求没有法律依据，不予支持。

依照《中华人民共和国民事诉讼法》第一百三十条、《中华人民共和国农业法》和有关民事政策之规定，判决如下：

一、被告某县粮食局甲粮管所待判决生效后 10 日内支付原告王某售粮款 208.5 元和该款自售粮之日起至还款之日止的中国人民银行同期贷款利息。

二、驳回原告的其他诉讼请求。

诉讼费 50 元，由被告负担。

如不服本判决，可在判决书送达之日起 15 日内向本院递交上诉状，并按对方当事人的人数提出副本，上诉于市中级人民法院。

项目二 中华人民共和国种子法

案例 5-2 农业局的处罚是否合适？

某农资经营部从 2010 年 4 月初经营通吉—100 玉米杂交种子，进货 600 千克，以每千克 10 元的价格销给本地农户，所得价款 6000 元。通吉—100 杂交玉米品种，虽经国家农作物品种审定委员会审定通过，但审定意见指明：该品种"适宜在吉林、辽宁、黑龙江及内蒙古通辽地区本玉 9 号品种种植区域种植"，其适宜种植区域不涵盖当地所在的省份。省农业局认为该品种如在本辖区推广种植，依法应当经该区所在的省农作物品种审定委员会审定通过，该农资经营部未经本省品种审定委员会审定就推广种植的行为，违反了《中华人民共和国种子法》（以下简称《种子法》）第十五条的规定。据此，依照《种子法》第六十四条规定，对该农资经营部做出了没收违法所得 6000 元，并罚款 20 000 元的行政处罚。该经营部在规定期限内履行了行政处罚决定。

知识储备

一、概述

《种子法》是国家为管理农作物品种的审定和种子的鉴定、检验、检疫、生产、加工、贮藏和经营等而制定的法规。目的在于保证农业生产用种子的质量和发展种子的生产、贸易，使育种工作者及种子生产者、经营者和使用者的权益在法律上得到保护。

2000 年 7 月 8 日第九届全国人民代表大会常务委员会第十六次会议通过了《中华人民共和国种子法》，自 2000 年 12 月 1 日起施行。并于 2004 年、2013 年分别进行了两次修改。

《种子法》的适用范围为在中华人民共和国境内从事品种选育和种子生产、经营、使用、管理等的活动。

种子的定义

种子，是指农作物和林木的种植材料或者繁殖材料，包括籽粒、果实和根、茎、苗、芽、叶等。

种子是最基本的农业生产资料，被列入《种子法》范畴的只是商品种子，即用来作为商品与他人进行交换的种子，不与他人发生社会关系的自用种子，不属于《种子法》所指的种子范围；不是作为商品种子出售，而是作为商品粮食、饮料等出售，但被购买者作为种子使用的，也不属于《种子法》界定的范畴。

案例 5-2 中玉米杂交种子的销售活动适用《种子法》的调整范围。

二、品种的选育和审定办法

（1）品种的选育由国务院农业、林业、科技、教育等行政主管部门和省、自治区、直辖市人民政府组织有关单位进行品种选育理论、技术和方法的研究。同时国家鼓励和支持单位和个人从事良种选育和开发。

（2）国家实行植物新品种保护制度，对经过人工培育的或者发现的野生植物加以开发的植物品种，保护其所有人的合法权益。选育的品种得到推广应用的，育种者依法获得相应的经济利益。

（3）主要农作物品种和主要林木品种在推广应用前应当通过国家级或者省级审定，申请者可以直接申请省级审定或者国家级审定。

（4）通过国家级审定的主要农作物品种和主要林木良种由国务院农业、林业行政主管部门公告，可以在全国适宜的生态区域推广。通过省级审定的主要农作物品种和主要林木良种由省、自治区、直辖市人民政府农业、林业行政主管部门公告，可以在本行政区域内适宜的生态区域推广。

主要农作物和主要林木范围

主要农作物是指水稻、小麦、玉米、棉花、大豆以及国务院农业行政主管部门和省、自治区、直辖市人民政府农业行政主管部门各自分别确定的其他1～2种农作物。

主要林木由国务院林业行政主管部门确定并公布；省、自治区、直辖市人民政府林业主管部门可以在国务院林业行政主管部门确定的主要林木之外确定其他8种以下的主要林木。

以案释法

案例 5-2 中的玉米属于主要农作物，其品种在推广应用前应当通过国家级或者省级审定。本案中，虽然经过了国家级审定，但审定结果同时还表明不适合本地区的种植，所以该农资经营部的行为违反了《种子法》的规定。

三、种子生产

（一）主要农作物和主要林木的商品种子生产实行许可制度

种子生产许可制度，是指生产商品种子的单位和个人，必须持有种子管理机构颁发的种子生产许可证，按照指定的作物种类、产地和规模进行生产。

主要农作物杂交种子及其亲本种子、常规种原种种子、主要林木良种的种子生产许可证，由生产所在地县级人民政府农业、林业行政主管部门审核，省、自治区、直辖市人民政府农业、林业行政主管部门核发；其他种子的生产许可证，由生产所在地县级以上地方人民政府农业、林业行政主管部门核发。

（二）申请领取种子生产许可证的单位和个人应具备的条件

（1）具有繁殖种子的隔离和培育条件。

（2）具有无检疫性病虫害的种子生产地点或者县级以上人民政府林业行政主管部门确定的采种林。

（3）具有与种子生产相适应的资金和生产、检验设施。

（4）具有相应的专业种子生产和检验技术人员。

（5）法律、法规规定的其他条件。

四、种子经营

（一）种子经营实行许可制度

种子经营者必须先取得种子经营许可证后，方可凭种子经营许可证向工商行政管理机关申请办理或者变更营业执照。

种子经营许可证实行分级审批发放制度。种子经营许可证由种子经营者所在地县级以上地方人民政府农业、林业行政主管部门核发。主要农作物杂交种子及其亲本种子、常规种原种种子、主要林木良种的种子经营许可证，由种子经营者所在地县级人民政府农业、林业行政主管部门审核，省、自治区、直辖市人民政府农业、林业行政主管部门核发。实行选育、生产、经营相结合并达到国务院农业、林业行政主管部门规定的注册资本金额的种子公司和从事种子进出口业务的公司的种子经营许可证，由省、自治区、直辖市人民政府农业、林业行政主管部门审核，国务院农业、林业行政主管部门核发。

下列四种情况可以不办理种子经营许可证：

（1）农民个人自繁、自用的常规种子有剩余的，可以在集贸市场上出售、串换。

（2）种子经营者专门经营不再分装的包装种子的。

（3）受具有种子经营许可证的种子经营者以书面委托代销其种子的。

（4）种子经营者按照经营许可证规定的有效区域设立分支机构的，可以不再办理种子经营许可证，但应当在办理或者变更营业执照后十五日内，向当地农业、林业行政主管部门和原发证机关备案。

（二）申请领取种子经营许可证的条件

（1）具有与经营种子种类和数量相适应的资金及独立承担民事责任的能力。

（2）具有能够正确识别所经营的种子、检验种子质量、掌握种子贮藏、保管技术的人员。

（3）具有与经营种子的种类、数量相适应的营业场所及加工、包装、贮藏保管设施和检验种子质量的仪器设备。

（4）法律、法规规定的其他条件。

（三）种子经营者应承担的法律义务

（1）种子经营者应当遵守有关法律、法规的规定，向种子使用者提供种子的简要性状、主要栽培措施、使用条件的说明与有关咨询服务，并对种子质量负责。

（2）销售的种子应当附有标签。标签应当标注种子类别、品种名称、产地、质量指标、检疫证明编号、种子生产及经营许可证编号或者进口审批文号等事项。标签标注的内容应当与销售的种子相符。

（3）销售进口种子的，应当附有中文标签。

（4）销售转基因植物品种种子的，必须用明显的文字标注，并应当提示使用时的安全控制措施。

（5）种子经营者应当建立种子经营档案，载明种子来源、加工、贮藏、运输和质量检测各环节的简要说明及责任人、销售去向等内容。

（6）调运或者邮寄出县的种子应当附有检疫证书。

五、种子使用者的合法权益

种子使用者的合法权益是指种子使用者在购买种子、使用种子时依法应当享有的权利。具体包括：

1. 知情权

种子使用者享有知悉其购买、使用种子的真实情况的权利，即有权要求经营者提供种子的价格、品种特性、质量状况、适应范围、栽培技术要点、生产日期等情况。种子使用者享有知情权，才能对经营进行监督，达到自我保护的目的。

2. 自由选择权

种子使用者享有自主选择种子的权利，即有权自主选择种子的经营者、种子的品牌，有权对购买的种子进行比较和挑选。《种子法》第三十九条规定："种子使用者有权按照自己的意愿购买种子，任何单位和个人不得非法干预。"

3. 公平交易权

种子使用者享有公平交易的权利，即在购买种子的时候，有权获得质量保障、价格合理、计量正确等公平交易条件，有权拒绝经营者的强制交易行为。

4. 请求赔偿的权利

种子使用者在购买到假冒伪劣种子或者经营者不履行合同义务等原因而受到损失时有权要求责任人给予赔偿损失。《种子法》第四十一条规定："种子使用者因种子质量问题遭受损失的，出售种子的经营者应当给予赔偿，赔偿额包括购种价款、有关费用和可得利益损失。经营者赔偿后，属于种子生产者或者其他经营者责任的，经营者有权向生产者或者其他经营者追偿。"第六十九条规定："强迫种子使用者违背自己的意愿购买、使用种子给使用者造成损失的，应当承担赔偿责任。"

六、违反《种子法》的法律责任

（一）种子生产、经营者违反《种子法》行为应承担的法律责任

（1）未取得种子生产（经营）许可证或者伪造、变造、买卖、租借种子生产（经营）许可证，或者未按照种子生产（经营）许可证的规定生产（经营）种子的，由县级以上人民政府农业、林业行政主管部门责令改正，没收种子和违法所得，并处以违法所得1倍以上3倍以下罚款；没有违法所得的，处以1 000元以上30 000元以下罚款；可以吊销违法行为人的种子生产（经营）许可证；构成犯罪的，依法追究刑事责任。

（2）生产、经营假、劣种子的，由县级以上人民政府农业、林业行政主管部门或者工商行政管理机关责令停止生产、经营，没收种子和违法所得，吊销种子生产许可证、种子经营许可证或者营业执照，并处以罚款；有违法所得的，处以违法所得5倍以上10倍以下罚款；没有违法所得的，处以2 000元以上50 000元以下罚款；构成犯罪的，依法追究刑事责任。

（3）有下列行为之一的，由县级以上人民政府农业、林业行政主管部门责令改正，没收种子和违法所得，并处以违法所得1倍以上3倍以下罚款；没有违法所得的，处以1 000元以上20 000元以下罚款；构成犯罪的，依法追究刑事责任：一是为境外制种的种子在国内销售的；二是从境外引进农作物种子进行引种试验的收获物在国内作为商品种子销售的；三是未经批准私自采集或者采伐国家重点保护的天然种资源的。

（4）有下列行为之一的，由县级以上人民政府农业、林业行政主管部门或者工商行政管理机关责令改正，处以1 000元以上10 000元以下罚款：一是经营的种子应当包装而没有包装的；二是经营的种子没有标签或者标签内容不符合《种子法》规定的。

（5）向境外提供或者从境外引进种质资源的，由国务院或者省、自治区、直辖市人民政府的农业、林业行政主管部门没收种质资源和违法所得，并处以10 000元以上50 000元以下罚款。

（6）经营、推广应当审定而未经审定通过的种子的，由县级以上人民政府农业、林业行政主管部门责令停止种子的经营、推广，没收种子和违法所得，并处以10 000元以上

50 000元以下罚款。

假种子和劣种子

假种子 1. 以非种子冒充种子或者以此种品种种子冒充他种品种种子的；
       2. 种子种类、品种、产地与标签标注的内容不符的。

劣种子 1. 质量低于国家规定的种用标准的；
       2. 质量低于标签标注指标的；
       3. 因变质不能作种子使用的；
       4. 杂草种子的比率超过规定的；
       5. 带有国家规定检疫对象的有害生物的。

案例5-3 假冒种子案

2002年3月7日，某市农业局执法支队接到举报，某村村民蔡某经营假冒杂优水稻种子。执法支队马上派执法人员前往检查，当场在蔡某所经营的农资商店内查获涉嫌假冒某种子公司"汕优016"杂优水稻种子60千克。经该种子公司鉴定，证实此种子并非该公司生产和包装。经询问蔡某，蔡某也承认，被查获的这批种子不是从该种子公司购买，也不是从其他正规途径进货，而是从一个外地人手中购买的。在调查过程中，由于蔡某不能提供完整有效的进货凭证和销售记录，无法认定其违法所得。

2002年4月5日，该市农业局根据所收集的证据材料，认定蔡某经营假冒某种子公司"汕优016"杂优水稻种子的事实清楚，证据确凿，其行为已违反了《中华人民共和国种子法》对蔡某做出如下处罚：

1. 责令停止经营假冒杂优水稻种子。
2. 责令按《中华人民共和国种子法》规定制作、保存种子经营档案。
3. 没收已登记保存的假种子。
4. 处以罚款3 000元整。

（二）国家工作人员或其他人员违反《种子法》规定的行为应承担的法律责任

（1）在种子生产基地进行病虫害接种试验的，由县级以上人民政府农业、林业行政主管部门责令停止试验，处以50 000元以下罚款。

（2）种子质量检验机构出具虚假检验证明的，与种子生产者、销售者承担连带责任；并依法追究种子质量检验机构及其有关责任人的行政责任；构成犯罪的，依法追究刑事责任。

（3）强迫种子使用者违背自己的意愿购买、使用种子，给使用者造成损失的，应当承担赔偿责任。

（4）农业、林业行政主管部门违反《种子法》规定，对不具备条件的种子生产者、经营者核发种子生产许可证或者种子经营许可证的，对直接负责的主管人员和其他直接责任人员，依法给予行政处分；构成犯罪的，依法追究刑事责任。

（5）种子行政管理人员徇私舞弊、滥用职权、玩忽职守，或者违反《种子法》规定从事种子生产、经营活动的，依法给予行政处分；构成犯罪的，依法追究刑事责任。

以案释法

案例 5-2　农业局的处罚是否合适

根据《种子法》的有关规定，主要农作物品种在推广应用前应当通过国家级或者省级审定。应当审定的农作物品种未经审定通过的，不得发布广告，不得经营、推广。本案中的杂交玉米属于《种子法》规定的主要农作物，依法须经审定后才能推广应用。《种子法》还对审定品种适宜种植区域分两种情况分别做出规定：一是通过国家级审定的，可以全国适宜的生态区域推广。二是通过省级审定的，可在本省内适宜的生态区域推广；相邻省、自治区、直辖市属于同一适宜生态区的地域，经所在省、自治区、直辖市人民政府农业行政主管部门同意后可以引种。适宜种植区域由品种审定委员会在审定通过的同时确定。这里的"适宜生态区域"不是行政区域的概念，而是生态的概念。即使不属同一行政区域，但如属审定确定的适宜生态区域，也可进行推广（省级审定的品种在邻省同一适宜生态区域推广的，要经邻省农业行政主管部门同意）；同样，处于同一行政区域但不属审定确定的适宜生态区域，也不能推广。也就是说，一个品种通过审定后，只能在审定确定的适宜区域内推广，需要超出该区域推广的，应当重新申请国家级或省级审定获得通过后方可进行。否则，对于超出的区域来说，该品种仍属未经审定品种，生产经营者要受到处罚。

本案中，某农资经营部经营的通吉—100 杂交玉米种子虽然经过国家农作物品种审定委员会审定通过，但审定意见指明：该品种适宜在吉林、辽宁、黑龙江及内蒙古通辽地区本玉 9 号品种种植区域种植。该省不在此适宜生态区域内。故在本地销售通吉—100 杂交玉米品种的行为属于"经营、推广应当审定而未经审定通过的种子"的行为，根据《种子法》第六十四条的规定应当受到处罚。该省农林局的处罚是合适的。

自学自练

假冒"甲优 802"水稻种子案

2003 年 2 月，某县农业局执法支队接到举报，称种子市场上销售的外包装标明为"甲优 802"的水稻种子外观形状与"甲优 802"有显著不同。根据举报线索，县农业局执法大队在某乡一家种子经营部仓库查获了大批涉嫌假冒"甲优 802"的杂交水稻种子，种

子外包装显著位置标有"超级优质水稻"和"甲优 802"字样，右上角还印制了发明人照片和发明专利号，下面注明有"某种业有限公司专利产品""全国联网合作单位经销种子"字样。执法人员在进行现场调查时，当事人极不配合，引起了很多群众的围观。为迅速撤离现场，防止假冒水稻种子流入市场，执法人员立即对涉嫌假水稻种子进行先行登记保存，填写了由农业局负责人签字的"证据登记保存清单"，并依法进行抽样取证，制作了"抽样取证凭证"，当事人现场在有关凭证上签字。当事人提出，登记保存的规定期限只有 7 天，要求县农业局必须在 7 天之内予以答复，7 天之后有权自行处理。执法人员还在现场调取了涉嫌假冒水稻种子的销售凭据。

【问题】你认为县农业局应该如何处理此案？

【提示】该县农业局应该在法定期限内对该批包装标明的"甲优 802"种子是真是假做出鉴定，该县农业局委托市种子质量监督检验所进行鉴定。该市种子质量监督检验所按照检验规程对送检样品进行检验，检验结果证明该种子经营部经营的种子，同审定品种"甲优 802"特征明显不同，认定该品种不是经品种审定通过的"甲优 802"。县农业局据此认定该种子是假种子，并在 7 天之内将检验结果告知了当事人。当事人配合执法机关，采取措施积极收回已经销售出去的种子，对销售外县的种子，提供了销售去向和销售发票。按照《种子法》第四十六条、第五十九条规定，该县农业局对当事人经营假种子行为依法给予行政处罚，当事人在法定期限内履行了行政处罚决定。

此案涉及的种子生产单位属该市管辖以外的行政区域，在省级农业行政主管部门的督办下，已经对生产假冒"甲优 802"种子的违法行为人追究了法律责任。

项目三 中华人民共和国土地管理法

案例 5-4 "地皮有偿转让合同书"是否无效

1999 年 12 月 7 日，被告某村民小组原任组长赵某，在未召开村民会议讨论决定的情形下，与第三人刘某等签订了"地皮有偿转让合同书"，约定将该村民小组南北老油路东边部分地皮 300 平方米有偿转让给第三人使用 30 年，用于建设商业门面房进行经营活动或将商业门面房租于他人进行经营活动。为使该合同具有合法性，赵某编造了村民小组组委会会议记录，申请区公证处对该合同进行了公证。后赵某被罢免组长职务，区公证处以村民小组提供的群众会议记录不真实为由撤销了对该合同的公证。

黄某等 67 名村民认为：上述合同的签订，违反了《中华人民共和国土地管理法》(以下简称《土地管理法》)《中华人民共和国农村土地承包法》等相关法律的强制性规定，侵害了村民的合法权益，应认定为无效合同。故向区人民法院提起诉讼，要求认定上述"地皮有偿转让合同书"无效。

知识储备

一、土地资源的分类及现状

(一) 土地资源的分类

土地是地球上由气候、土壤、水文、地形、地质、生物及人类活动的结果所组成的综合体，其性质随时间不断变化。资源是指在现在和可以预见的将来，自然界和人类社会中一种可以用以创造物质财富和精神财富的具有一定量积累的客观存在形态。土地资源是指在当前和可预见将来的技术经济条件下，能为人类所利用的土地。

土地资源的分类有多种方法，在中国较普遍的是采用地形分类和土地利用类型分类：

1. 按地形分类 土地资源可分为高原、山地、丘陵、平原、盆地。这种分类展示了土地利用的自然基础。一般而言，山地宜发展林牧业，平原、盆地宜发展耕作业。

2. 按土地利用类型分类 国家编制土地利用总体规划，规定土地用途，将土地分为

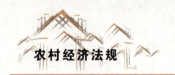
农用地、建设用地和未利用地。其中，农用地是指直接用于农业生产的土地，包括耕地、林地、草地、农田水利用地、养殖水面等；建设用地是指建造建筑物、构筑物的土地，包括城乡住宅和公共设施用地、工矿用地、交通水利设施用地、旅游用地、军事设施用地等；未利用地是指农用地和建设用地以外的土地。

（二）我国近几年土地资源的现状及形势

中国国土辽阔，土地资源总量丰富，土地利用类型齐全，这为中国因地制宜全面发展农、林、牧、渔业生产提供了有利条件。但是中国人均土地资源占有量小，而且各类土地所占的比例不尽合理，主要是耕地、林地少、难利用土地多，后备土地资源不足，特别是人与耕地的矛盾尤为突出。

我国耕地面积约 20 亿亩，约占全国总面积的 13.9%；林地 18.7 亿亩，占 12.98%；草地 43 亿亩，占 29.9%；城市、工矿、交通用地 12 亿亩，占 8.3%；内陆水域 4.3 亿亩，占 2.9%；宜农宜林荒地约 19.3 亿亩，占 13.4%。

中国耕地面积居世界第四位，林地居第八位，草地居第二位，但人均占有量很低。世界人均耕地 0.37 公顷，中国人均仅 0.1 公顷；人均草地世界平均为 0.76 公顷，中国为 0.35 公顷。发达国家 1 公顷耕地负担 1.8 人，发展中国家负担 4 人，中国则需负担 8 人，压力之大可见一斑。尽管中国已解决了世界 1/5 人口的温饱问题，但也应注意到，中国非农业用地逐年增加，人均耕地将逐年减少，土地的人口压力将越来越大。

我国在土地资源开发利用方面取得了很大的成绩。但也不容盲目乐观，我国土地资源面临的形势仍很严峻，主要表现在以下方面：

1. 耕地面积锐减　耕地资源是指用于作物种植的土地，是十分有限而珍贵的资源。20 世纪 90 年代以来，即使国家采取了比较严格的措施保护耕地，我国耕地还在加速减少。资料显示：我国耕地面积数据在 2009—2012 年的变化，呈现出一条下滑的曲线。2009 年，我国耕地面积为 20.31 亿亩，2012 年则为 20.27 亿亩，减少了 400 万亩。2013 年，全国耕地又净减少了 120.3 万亩。

耕地减少的原因主要是：扩建和新建城市；办开发区，建工厂矿山，修铁路、公路、机场、修水库、商店、学校、医院、住宅、居民点；农业内部结构调整；土地沙化、石漠化、退化；管理不健全，引起耕地减少等。其中有合理的，也有不合理的部分。

2. 水土流失严重　我国是世界上水土流失最严重的国家之一。目前我国水土流失呈现流失面积大，分布范围广；流失强度大，侵蚀严重区比例高；流失成因复杂，区域差异明显三大特点。

水土流失主要是大量砍伐森林、过度放牧、毁林毁草开垦、陡坡耕种、耕作技术不合理等人为原因造成的。防止水土流失，必须搞好生态环境建设工程、天然林保护工程、退耕还林还草工程、小流域综合治理工程、防护林工程、"绿色通道"工程等。

3. 土地沙漠化严重　近几年来，我国土地沙漠化严重。土地沙漠化主要是人类对土地的过度开垦、过度放牧、滥伐森林、毁坏草场等，造成植被破坏，引起气候恶劣，出现干旱和风暴，卷走表土，形成沙漠。

4. 土地盐渍化严重　土地盐渍化的危害是严重破坏生态系统，导致物种灭绝，破坏土质，严重的成为不毛之地，威胁人类的生存和发展。

土地盐渍化主要也是由人为因素造成的，如对森林植被的破坏造成土地干燥，水分上升蒸发，使盐碱累积在地表；过分抽取地下水造成地面下沉，形成低洼，引起积水或海水倒灌，形成盐渍土；灌溉水量过大和水质不好，导致地下水位上升，使矿物和盐分集中在地表。

5. 土壤污染形势严峻 土壤污染主要是指由于人类活动产生的有害、有毒物质进入土壤，积累到一定程度，超过土壤本身的自净能力，导致土壤性状和质量变化，构成对农作物和人体的影响和危害的现象。2007 年，国家环境保护总局对全国 26 个省份进行的土地污染调查发现，我国受污染耕地占耕地总面积的 1/10 以上，超过 1.8 亿亩。全国土壤污染形势十分严峻，部分地区土壤污染严重。

土壤污染主要来源于工业和城市的废水及固体废物、大气中污染物（如二氧化硫、氮氧化物、颗粒物等）通过沉降和降水落到地面的沉降物以及农药、化肥、牲畜的排泄物等。

二、《土地管理法》释义与应用

（一）土地管理法调整的法律关系

土地管理法是指对人们在土地的开发、利用、保护和管理过程中产生的各种社会关系加以特别调整的法律规范的总称。它调整的对象是土地关系，包括土地所有权和使用权、土地利用和保护以及国家建设用地和乡（镇）村建设用地之间发生的所有权和使用权的转移关系等。

1986 年 6 月 25 日第六届全国人民代表大会常务委员会第十六次会议通过了《中华人民共和国土地管理法》，这是我国土地管理方面第一个全国性的基本立法。现行的《土地管理法》是根据 2004 年 8 月 28 日第十届全国人民代表大会常务委员会第十一次会议《关于修改〈中华人民共和国土地管理法〉的决定》进行了第二次修正的。

> **以案释法**
>
> 案例 5-4 中，对该村民小组南北老油路东边部分地皮的有偿转让问题，属于土地的开发利用造成的纠纷，适用《土地管理法》的调整范畴。

（二）土地所有权

土地所有权是指土地所有者在法律规定范围内，对其拥有土地的占有、使用、收益、处分的权利。我国实行土地的社会主义公有制，具体表现为两种形式，即全民所有制和劳动群众集体所有制，反映在土地所有权上即国家土地所有权和农民集体土地所有权。

1. 国家土地所有权 国家土地所有权是指以国家为所有权人，由其代表代为行使的对国有土地的支配权利。《土地管理法》规定："国家所有土地的所有权由国务院代表国家行使。"依据《中华人民共和国土地管理法实施条例》的规定，下列土地属于全民所有即国家所有：

（1）城市市区的土地。

（2）农村和城市郊区中已经依法没收、征收、征购为国有的土地。

（3）国家依法征用的土地。

（4）依法不属于集体所有的林地、草地、荒地、滩涂及其他土地。

（5）农村集体经济组织全部成员转为城镇居民的，原属于其成员集体所有的土地。

（6）因国家组织移民、自然灾害等原因，农民从建制地集体迁移后不再使用的原属于迁移农民集体所有的土地。

2. 集体土地所有权　集体土地所有权是以符合法律规定的农村集体经济组织的农民集体为所有权人，对归其所有的土地所享有的受法律限制的支配权利。农村和城市郊区的土地，除由法律规定属于国家所有的以外，属于农民集体所有；宅基地和自留地、自留山，也属于农民集体所有。农民集体所有的土地，由县级人民政府登记造册，核发证书，确认所有权。

农民集体所有的土地依法属于村农民集体所有的，由村集体经济组织或者村民委员会经营、管理；已经分别属于村内两个以上农村集体经济组织的农民集体所有的，由村内各该农村集体经济组织或者村民小组经营、管理；已经属于乡（镇）农民集体所有的，由乡（镇）农村集体经济组织经营、管理。

> **知识链接**
>
> ### 农民集体的法律解释
>
> 集体土地所有权，其主体是农民集体。农民集体必须具备以下条件：一是具有一定的组织形式，如农村经济组织；二是应当具有法人资格，即被法律认可的能够依法享受权利、承担义务；三是集体成员应为农业户口的农村居民。

（三）土地使用权

土地使用权是指单位或者个人依法或依约定，对国有土地或集体土地所享有的占有、使用、收益和有限处分的权利。

1. 国有土地使用权

国有土地使用权是指国有土地的使用人依法利用土地并取得收益的权利。国有土地使用权的取得方式有划拨、出让、出租、入股等。有偿取得的国有土地使用权可以依法转让、出租、抵押和继承。划拨土地使用权在补办出让手续、补缴或抵交土地使用权出让金之后，才可以转让、出租、抵押。国有土地可以由单位或者个人承包经营，从事种植业、林业、畜牧业、渔业生产。

2. 集体土地使用权

农民集体土地使用权是指农民集体土地的使用人依法利用土地并取得收益的权利。农民集体土地使用权可分为农用土地使用权、宅基地使用权和建设用地使用权。

农用地使用权是指农村集体经济组织的成员或者农村集体经济组织以外的单位和个人从事种植业、林业、畜牧业、渔业生产的土地使用权。宅基地使用权是指农村村民住宅用地的使用权。建设用地使用权是指农村集体经济组织兴办乡（镇）企业和乡（镇）村公共设施、公益事业建设用地的使用权。

按照《土地管理法》的规定，农用地使用权通过发包方与承包方订立承包合同取得。宅基地使用权和建设用地使用权通过土地使用者申请，县级以上人民政府依法批准取得。

3. 土地使用权的出让和转让

土地使用权出让是国家以土地所有人的身份将土地使用权在一定期限内让与土地使用者，由土地使用者向国家支付土地使用权出让金的行为。土地使用权出让有拍卖、招标和协议三种方式。土地使用权出让应当签订出让合同。土地使用权的出让，由市、县人民政府负责，有计划、有步骤地进行。土地使用权出让的地块、用途、年限和其他条件，由市、县人民政府土地管理部门会同城市规划和建设管理部门、房产管理部门共同拟订方案，按照国务院规定的批准权限报经批准后，由土地管理部门实施。

土地使用权转让是指土地使用者将土地使用权再转移的行为，包括出售、交换和赠与。未按土地使用权出让合同规定的期限和条件投资开发、利用土地的，土地使用权不得转让。土地使用权转让应当签订转让合同。土地使用权转让时，土地使用权出让合同和登记文件中所载明的权利、义务随之转移。

从原则上讲，农民集体所有的土地使用权不得出让、转让或者出租用于非农建设。因此，集体土地使用权的转让，目前一般是指不改变农用地性质的承包和转包。此外，本村集体经济组织以外的单位和个人承包经营农民集体所有的土地，必须经村民会议三分之二以上成员或者三分之二以上村民代表的同意，并报乡（镇）人民政府批准。通过土地划拨及建设用地程序取得的使用权是无限期的，通过土地使用权出让取得使用权的，按照土地的用途不同，使用权的年限也不同。

4. 土地权属的变更

《土地管理法》第十二条规定依法改变土地权属和用途的，应当办理土地变更登记手续。我国土地权属变更一般有以下四种情况：

（1）依法征用和划拨土地。

（2）依法出让、转让土地使用权。

（3）依法买卖、继承、交换、分割土地使用权。

（4）土地使用权机关权利的变更。

依法改变土地权属和用途的，应当办理土地变更登记手续，具体变更登记的程序如下：

（1）由用地单位和个人向市、县人民政府土地行政主管部门提出变更登记申请，填写申请书，交验有关变更土地证件。

（2）土地行政主管部门对申请书及有关文件进行审核和实地验证。

（3）经审查批准变更，更换或更改有关土地权属证书。

> **以案释法**
>
> 案例 5-4 中，原任组长赵某，在未召开村民会议讨论决定的情形下，与第三人刘某等签订了"地皮有偿转让合同书"，将村集体土地有偿转让给刘某用于非农建设用地，并且未办理土地权属变更登记，违反了《土地管理法》中关于农民集体土地使用权不得转让用于非农建设用地和土地权属变更登记的相关规定。

（四）耕地保护和基本农田保护制度

1. 国家保护耕地，严格控制耕地转为非耕地　国家实行占用耕地补偿制度。非农业建设经批准占用耕地的，按照"占多少，垦多少"的原则，由占用耕地的单位负责开垦与所占用耕地的数量和质量相当的耕地；没有条件开垦或者开垦的耕地不符合要求的，应当按照省、自治区、直辖市的规定缴纳耕地开垦费，专款用于开垦新的耕地。省、自治区、直辖市人民政府应当制订开垦耕地计划，监督占用耕地的单位按照计划开垦耕地或者按照计划组织开垦耕地，并进行验收。

征用耕地的补偿费用包括土地补偿费、安置补助费以及地上附着物和青苗的补偿费。

（1）土地补偿费。为该耕地被征用前三年平均年产值的6～10倍。

（2）安置补助费。按照需要安置的农业人口数计算。需要安置的农业人口数，按照被征用的耕地数量除以征地前被征用单位平均每人占有耕地的数量计算。每一个需要安置的农业人口的安置补助费标准，为该耕地被征用前三年平均年产值的4～6倍。

（3）被征用土地上的附着物和青苗补偿标准，按省、自治区、直辖市规定。

（4）征用城市郊区的菜地，用地单位应当按照国家有关规定缴纳新菜地开发建设基金。

2. 国家实行基本农田保护制度　基本农田是指按照一定时期人口和社会经济发展对农产品的需要，依据土地利用总体规划确定的不得占有的耕地。基本农田保护区，是指为对基本农田实行特殊保护而依据土地利用总体规划和依照法定程序确定的特定保护区域。下列耕地应当根据土地利用总体规划划入基本农田保护区，严格管理：

（1）经国务院有关主管部门或者县级以上地方人民政府批准确定的粮、棉、油生产基地内的耕地。

（2）有良好的水利与水土保持设施的耕地，正在实施改造计划以及可以改造的中、低产田。

（3）蔬菜生产基地。

（4）农业科研、教学试验田。

（5）国务院规定应当划入基本农田保护区的其他耕地。

各省、自治区、直辖市划定的基本农田应当占本行政区域内耕地的80%以上。基本农田保护区以乡（镇）为单位进行划区定界，由县级人民政府土地行政主管部门会同同级农业行政主管部门组织实施。

非农业建设必须节约使用土地，可以利用荒地的，不得占用耕地；可以利用劣地的，不得占用好地。禁止占用耕地建窑、建坟或者擅自在耕地上建房、挖砂、采石、采矿、取土等；禁止占用基本农田发展林果业和挖塘养鱼；禁止任何单位和个人闲置、荒芜耕地。

以案释法

案例5-5　非法占有耕地案

2010年5月，某县昌平公司经省人民政府批准，在城镇规划建设区内征用耕地30亩，建设机械加工厂。后经县土地管理局实地调查，昌平公司实际占用耕地 50 亩。全部耕地已完成"三通一平"，动工兴建了厂房，土壤耕作层被破坏，难以恢复耕种。

县土地管理局将此案件移送司法机关处理。县人民法院经审理认为昌平公司建设征用 30 亩耕地已得到依法批准，但其擅自超占的 20 亩耕地应认定为非法占用耕地。昌平公司超过批准的面积多占土地，造成耕地的毁坏，其行为已构成非法占用耕地罪。遂判处本案直接责任人员昌平公司总经理王某有期徒刑 2 年，缓刑 1 年，判处昌平公司赔偿某行政村 20 亩耕地损失 20 万元，并处罚金 1 万元。

本案涉及非法占用耕地构成犯罪的问题。

我国《土地管理法》的宗旨之一就是加强对耕地的保护，包括将建设征用农村集体组织土地的征地权上收，实行农用地转用审批手续等。就本案情况看：

其一，昌平公司经批准征用 30 亩土地符合法律规定。

《土地管理法》规定，凡征用基本农田，基本农田以外的耕地超过 35 公顷的，其他土地超过 70 公顷的，由国务院批准；除此之外的土地征用也须经省、自治区、直辖市人民政府批准，并报国务院备案。如果涉及征用农用地的还需办理农用地转用审批。本案中昌平公司经省级人民政府批准征用 30 亩耕地进行建设活动是合法的。

其二，超过批准范围多占用 20 亩耕地构成占用耕地罪。

《土地管理法》第七十六条规定，未经批准或者采取欺骗手段骗取批准，非法占用土地的，由县级以上人民政府土地行政主管部门责令退还非法占用的土地，对违反土地利用总体规划擅自将农用地改为建设用地的，限期拆除在非法占用的土地上新建的建筑物和其他设施，恢复土地原状，对符合土地利用总体规划的，没收在非法占用的土地上新建的建筑物和其他设施，可以并处罚款；对非法占用土地单位的直接负责的主管人员和其他直接责任人员，依法给予行政处分；构成犯罪的，依法追究刑事责任。超过批准的数量占用土地，多占的土地以非法占用土地论处。

（五）宅基地

1. 宅基地使用权的概念

宅基地就是盖住宅用的地。宅基地使用权是经依法审批由农村集体经济组织分配给其成员用于建造住宅的没有使用期限制的集体土地使用权。宅基地使用权具有以下特点：

（1）依法取得。农村村民获得宅基地的使用权，必须履行完备的申请手续，经有关部门批准后才能取得。

（2）永久使用。宅基地使用权没有期限，由公民永久使用。可在宅基地上建造房屋、厕所等建筑物，并享有所有产权；在房前屋后种植花草、树木，发展庭院经济，并对其收益享有所有权。

（3）随房屋产权转移。宅基地的使用权依房屋的合法存在而存在，并随房屋所有权的转移而转移。房屋因继承、赠与、买卖等方式转让时，其使用范围内的宅基地使用权也随之转移。在买卖房屋时，宅基地使用权须经过申请批准后才能随房屋转移。

（4）受法律保护。依法取得的宅基地使用权受国家法律保护，任何单位和个人不得侵犯。否则，宅基地使用权人可以请求侵害人停止侵害、排除妨碍、返还占用、赔偿损失。

2. 宅基地的申请

（1）可以依法申请农村宅基地的人通常情况下只能为农村村民，而且专指本集体经济组织的成员。非本村集体经济组织成员或者是城镇居民一般不允许申请宅基地。

（2）农村村民一户只能拥有一处宅基地，其宅基地的面积不得超过省、自治区、直辖市规定的标准。

（3）农村村民建住宅，应当符合乡镇土地利用总体规划，并尽量使用原有的宅基地和村内空闲地。

（4）农村村民住宅用地，经乡镇人民政府审核，由县级人民政府批准。其中，涉及占用农用地的，依照《土地管理法》有关"农用地转用"的规定办理审批手续。

（5）农村村民出卖、出租房屋后，再申请宅基地的，不予批准。

（六）法律责任

为了保证我国《土地管理法》的顺利贯彻和实施，对使用土地的单位和个人、土地管理部门及其工作人员，都规定了法律责任。

1. 非法交易土地的法律责任

（1）买卖或者以其他形式非法转让土地的，由县级以上人民政府土地行政主管部门没收违法所得；对违反土地利用总体规划擅自将农用地改为建设用地的，限期拆除在非法转让的土地上新建的建筑物和其他设施，恢复土地原状，对符合土地利用总体规划的，没收在非法转让的土地上新建的建筑物和其他设施，可以并处罚款；对直接负责的主管人员和其他直接责任人员，依法给予行政处分；构成犯罪的，依法追究刑事责任。

（2）擅自将农民集体所有的土地的使用权出让、转让或者出租用于非农业建设的，由县级以上人民政府土地行政主管部门责令限期改正，没收违法所得，并处罚款。

2. 非法占用土地的法律责任

（1）占用耕地建窑、建坟或者擅自在耕地上建房、挖砂、采石、采矿、取土等，破坏种植条件的，或者因开发土地造成土地荒漠化、盐渍化的，由县级以上人民政府土地行政主管部门责令限期改正或者治理，可以并处罚款；构成犯罪的，依法追究刑事责任。

（2）未经批准或者采取欺骗手段骗取批准，非法占用土地的，由县级以上人民政府土地行政主管部门责令退还非法占用的土地，对违反土地利用总体规划擅自将农用地改为建设用地的，限期拆除在非法占用的土地上新建的建筑物和其他设施，恢复土地原状，对符合土地利用总体规划的，没收在非法占用的土地上新建的建筑物和其他设施，可以并处罚款；对非法占用土地单位的直接负责的主管人员和其他直接责任人员，依法给予行政处分；构成犯罪的，依法追究刑事责任。超过批准的数量占用土地，多占的土地以非法占用土地论处。

（3）农村村民未经批准或者采取欺骗手段骗取批准，非法占用土地建住宅的，由县级以上人民政府土地行政主管部门责令退还非法占用的土地，限期拆除在非法占用的土地上新建的房屋。超过省、自治区、直辖市规定的标准，多占的土地以非法占用土地论处。

（4）依法收回国有土地使用权当事人拒不交出土地的，临时使用土地期满拒不归还的，或者不按照批准的用途使用国有土地的，由县级以上人民政府土地行政主管部门责令交还土地，处以罚款。

（5）依照《土地管理法》的规定，责令限期拆除在非法占用的土地上新建的建筑物和其他设施的，建设单位或者个人必须立即停止施工，自行拆除；对继续施工的，作出处罚决定的机关有权制止。建设单位或者个人对责令限期拆除的行政处罚决定不服的，可以在接到责令限期拆除决定之日起 15 日内，向人民法院起诉；期满不起诉又不自行拆除的，由作出处罚决定的机关依法申请人民法院强制执行，费用由违法者承担。

3. 非法批准征用、使用土地的法律责任

无权批准征收、使用土地的单位或者个人非法批准占用土地的，超越批准权限非法批准占用土地的，不按照土地利用总体规划确定的用途批准用地的，或者违反法律规定的程序批准占用、征收土地的，其批准文件无效，对非法批准征收、使用土地的直接负责的主管人员和其他直接责任人员，依法给予行政处分；构成犯罪的，依法追究刑事责任。非法批准、使用的土地应当收回，有关当事人拒不归还的，以非法占用土地论处。非法批准征收、使用土地，对当事人造成损失的，依法应当承担赔偿责任。

4. 违反《土地管理法》的其他法律责任

违反《土地管理法》规定，拒不履行土地复垦义务的，由县级以上人民政府土地行政主管部门责令限期改正；逾期不改正的，责令缴纳复垦费，专项用于土地复垦，可以处以罚款。侵占、挪用被征收土地单位的征地补偿费用和其他有关费用，构成犯罪的，依法追究刑事责任；尚不构成犯罪的，依法给予行政处分。不依照《土地管理法》规定办理土地变更登记的，由县级以上人民政府土地行政主管部门责令其限期办理。土地行政主管部门的工作人员玩忽职守、滥用职权、徇私舞弊，构成犯罪的，依法追究刑事责任；尚不构成犯罪的，依法给予行政处分。

案例点评

案例 5-4　"地皮有偿转让合同书"是否无效

被告与第三人刘某签订的"地皮有偿转让合同书"违反了我国法律相关的强制性规定，属无效合同。理由：

第一，本案中，被告与第三人签订了"地皮有偿转让合同书"。被告原任组长赵某以被告名义将土地使用权转让给第三人使用并收取土地转让费，由第三人用于建设商业门面房进行经营活动或将商业门面房租于他人进行经营活动，该行为显然使农村土地的用途发生了变化，与我国法律关于农村土地使用权的转让只能用于农业用途的强制性规定相违背。

第二，我国实行土地权属的法定登记制度，由于被告与第三人之间所转让

土地使用权未进行变更登记，土地使用权没有发生变更，仍属原告集体所有。被告与第三人私自转让土地使用权的行为无效，该合同也归于无效。

第三，农村土地使用权转让给本集体经济组织以外的人，须经村民会议三分之二以上成员或三分之二以上村民代表的同意，并报乡镇人民政府批准。本案中，第三人刘某，并非本村民小组村民。被告原任组长将土地使用权有偿转让给刘某，并没有经本组村民会议三分之二以上成员或三分之二以上村民代表的同意，也未报镇人民政府批准。因此，该合同的签订在程序上也违反了法律的强制性规定。

宅基地买卖无效，房屋折价赔偿

2001 年 10 月，农民李某家因拆迁获移地建房资格，其建筑面积为 224.16 平方米的私有房屋移地建造房屋。由于妻子病危急需花钱救治，经生产队长介绍，于同年 12 月将新址宅基地以 23.5 万元的价格转让给了陈某。转让协议签订后，双方钱货两讫。于是，陈某出资在该宅基地上建造了楼房一幢，并入住使用。随着房价的快速飞涨，这套房屋的市场价也已经翻了几番。于是，李某以当时宅基地的转让违反有关规定为由，将陈某诉至法院，要求判决确认签订的转让协议无效。李某诉称，当时，因妻子身患白血病，急需用钱治疗，加上法律意识淡薄，故把动迁获得的宅基地卖给了陈某，现在才得知这是严重违反国家相关法律法规的行为，损害了国家利益。宅基地属集体所有土地，双方无权买卖。陈某一家认为，双方转让的宅基地是动迁补偿宅基地，取得了国有土地使用权权证，不再是集体土地宅基地，是可以转让的。如果认定双方的转让协议无效，要求李某赔偿以该房屋目前房价与原市场价每平方米 3 000 元的差价，估算为 300 万元。诉讼期间，经李某申请，某房地产土地估价有限公司做出评估："争议房屋建筑物（实测建筑面积 245.4 平方米）及装修，于 2009 年 11 月 16 日的价格为 47.2 万元。"由于农村集体土地不能公开转让，故该公司建议采用当地征用集体土地房屋拆迁土地使用权基价标准，判断估价对象宅基地的价值。根据该区最新征用集体土地拆迁房屋补偿标准计算的房、地两部分合计总价107.23 万元。李某无异议，陈某则认为不合理，应由卖方承担主要责任。

【问题】你认为法院会如何审理？

【提示】本案中主要涉及的是农村宅基地使用权转让的效力问题。某律师认为，宅基地是农村的农户或个人用作住宅基地而占有、利用本集体所有的土地。宅基地的所有权属于农村集体经济组织。《物权法》第一百五十三条规定，宅基地使用权的取得、行使和转让，适用《土地管理法》等法律和国家有关规定。按照法律规定，农村宅基地使用权可以转让，须具备以下条件：①经本经济组织（村委会或村集体全体成员）同意；②转让人与受让人为同一集体经济组织成员（同村人）；③转让人户口已迁出本村或转让人系因继承等导致"一户多宅或多房"。如转让人系一户一宅，须明确表示不再申请宅基地，且有证据表明其已有住房保障；转让人转让宅基地后，再申请宅基地的，将不予批准；④受让人不得违反"一户一宅"原则，即受让人在接受转让时无宅基地；⑤宅基地使用权不能单独转让，须与住房一并转让。有下列转让情况，一般都应认定无效：①城镇居民购买；②法人或其他组织购买；③转让人未经集体组织批准；④向集体组织成员以外的人转让；⑤受让人已有住房，不符合宅基地分配条件。结合上述情况，就本案而言，该农村宅基地使用权转让合同应认定无效。另外就宅基地上建造的房屋因予以过错赔偿。

需要指出的是，宅基地买卖与宅基地房屋买卖是不同的，按照高院的审理意见，农村宅基地房屋买卖应严格按照法律法规的规定进行。应当综合考虑出卖人出售房屋是否经过审批同意、合同是否履行完毕以及买受人的身份等因素，区分不同情况，妥善处理，如是出售本集体经济组织以外人员，且未经批准，合同尚未履行或者未实际居住的情况下会被认定无效。实际处理中应本着尊重现状、维护稳定的原则，承认购房人对房屋的现状以及继续占有、居住、使用该房屋的权利。

《土地管理法》规定，农村村民一户只能拥有一处宅基地，李某一家是以户为单位拥有争议宅基地使用权的，故是该宅基地权利人。农村宅基地使用权是集体经济组织无偿提供给本集体经济组织成员享有的，具有身份属性，陈某不属于争议宅基地所在集体经济组织成员，且其另有住房，双方转让宅基地未经县级以上人民政府批准，事后也没有办理相关更名手续，故双方间转让宅基地使用权的协议应为无效。协议无效，双方都有一定过错，但主要在李某一方。协议无效后，双方应当各自返还财产，并根据过错大小承担赔偿责任。李某一家应当返还收取的宅基地款，陈某一家应当返还宅基地。陈某在宅基地上建造的房屋，因无法搬动，应当折价给李某，具体价格参照评估价确定。考虑到农村宅基地使用权虽不能公开转让，但在拆迁时存在一定价值，且目前价值高于原价值，该差额即为陈某的损失，李某应予赔偿。

案例 5-6 环保局的处罚合法吗？

养鸡场经营者甲发现自她所在市某公司在她鸡场附近修建预制板厂以来，小鸡纷纷死亡，产蛋鸡也不再下蛋，经济损失达数万元。同时，其住宅出现裂缝，家人住院。主要原因是各种设备产生的震动和噪声。据环保局监测，其住宅及养鸡场噪声已达 80 分贝和 95 分贝。该厂自规划以来，未履行"三同时"手续，也未安装任何消声防震措施。环保局在调解的同时，对该厂罚款 3 万元，并要求补办"三同时"审批手续，审批通过前不得再进行生产。

【问题】

（1）环保局的处罚有无法律依据？

（2）该厂若拒不履行调解协议，甲有何救济途径？

一、环境保护与环境保护法

（一）环境保护

环境保护是指人们（政府、组织和个人）根据生态平衡等客观自然规律和经济规律的要求，自觉地采取各种方法、手段和措施，协调人类和环境的关系，解决各种环境问题，保护、改善和创造环境的一切人类活动的总称。自地球上出现人类以后，环境问题就一直存在着，并随着人类社会的发展日益突出，环境问题影响的范围越来越广，危害程度越来越大，要从根本上解决环境问题，必须高度重视环境保护。

知识链接

环境，是指影响人类生存和发展的各种天然的和经过人工改造的自然因素的总体，包括大气、水、海洋、土地、矿藏、森林、草原、湿地、野生生物、自然遗迹、人文遗迹、自然保护区、风景名胜区、城市和乡村等。

（二）环境保护法律体系

1. 环境保护的法律体系 环境保护法是国家、政府部门根据经济发展、保护人民身体健康与财产安全、保护环境和自然资源、防止污染和其他公害的需要而制定的一系列法律、法令和规定等法规，是调整环境保护中各种社会关系的法律规范的总称。我国环境保护法律法规体系的构成见表 5-2。

表 5-2　我国环境保护法律法规体系的构成

项 目		解 释
宪　法		《中华人民共和国宪法》在 2004 年修正案第九条第二款规定："国家保障资源的合理利用，保护珍贵的动物和植物。禁止任何组织或个人用任何手段侵占或者破坏自然资源。"第二十六条第一款规定："国家保护和改善生活环境和生态环境，防治污染和其他公害。"
环境保护法律	环境保护基本法	《中华人民共和国环境保护法》，这是关于环境保护的综合性法律，处于环境保护基本法的地位，是制定环境保护单行法的依据
	环境保护单行法	环境保护单行法是针对特定的环境保护对象或特定的人类活动而制定的专项法律、法规，是宪法和环境保护基本法的具体化，如《中华人民共和国水污染防治法》《中华人民共和国大气污染防治法》《中华人民共和国环境影响评价法》等。这类单行法律、法规一般都比较具体细致，是我国进行环境管理、处理环境纠纷的直接依据
	环境保护相关法	指涉及环境保护的一些自然资源保护和其他有关部门法律，如《中华人民共和国森林法》《中华人民共和国草原法》《中华人民共和国渔业法》《中华人民共和国矿产资源法》《中华人民共和国水法》《中华人民共和国清洁生产促进法》等
环境保护行政法规		是由国务院制定并公布或经国务院批准有关主管部门公布的环境保护规范性文件，如《中华人民共和国水污染防治法实施细则》《建设项目环境保护管理条例》
部门规章		指国务院环境保护行政主管部门单独发布或与国务院有关部门联合发布的环境保护规范性文件
环境保护地方性法规、地方性规章		1. 环境保护地方性法规是享有立法权的地方权力机关依据《中华人民共和国宪法》和相关法律制定的环境保护规范性文件。 2. 地方性规章是地方政府依据《中华人民共和国宪法》和相关法律制定的环境保护规范性文件。是根据本地实际情况制定，在本地区实施，有较强的操作性
环境标准		是环境保护法律法规体系的一个组成部分，是环境执法和环境管理改造的技术依据，分为国家环境标准、地方环境标准和国家环保总局标准（行业标准）
环境保护国际公约		国际公约和我国环境法有不同规定时，优先适用国际公约的规定，但我国声明保留的条款除外

2. 环境保护的基本制度

（1）土地利用规划制度。要保护好土地资源并使其得到合理的开发利用，就需要对土地利用做出全面规划，对城镇设置、工农业布局、基础设施等做出总体安排，确保环境资源得到合理配置。

（2）环境标准制度。是指为防治环境污染和保护人群健康及生态平衡，对环境中有害物质或因素所做的限制性规定，以及对污染源排入环境的污染物或有害因素的排放量或排放浓度所做的限制性规定。我国的环境标准分为国家环境标准和地方环境标准。按照标准

内容来分，我国共有五类环境标准，即环境质量标准、污染物排放标准、环境基础标准、环境方法标准和环境样品标准。

（3）环境影响评价制度。是预先对某项开发建设活动的调查、预测和评价，说明该项开发建设活动对环境的影响，并提出环境影响及防治方案的报告。

（4）"三同时"制度。这是一项重要的控制新污染源的法律制度。这项制度要求一切新建、扩建项目（包括小型建设项目）以及一切可能对环境造成污染和破坏的工程建设和自然开发项目，其防止污染和公害的设施必须与主体工程（项目）同时设计、同时施工、同时投产。这项制度与环境影响评价制度结合起来，成为贯彻执行我国"预防为主"的环境保护方针的基本制度。

（5）排污收费制度。是国家对于那些向环境排放污染物或超过规定标准排放污染物的排污者，根据其排放污染物的种类、数量和浓度而征收一定的费用。以此刺激污染者进行污染治理，促进污染治理技术的进步与发展。征收排污费的污染物的范围包括污水、废气、固体废物、噪声、放射性物质五大类。

（6）其他制度。如环境监测制度、环境监督管理体制等。

以案释法

案例 5-7　市环保局提出的诉讼请求合理吗

某造纸厂位于某河流中上游。1998 年 6 月，环境监测站对该造纸厂的污水进行监测，发现该厂对所排放的污水的净化处理不够，多种污染物质的含量严重超标。遂向该厂提出限期治理的要求，但该造纸厂不予理会，没有采取任何净化措施。1998 年 10 月，市环保局按照国家有关规定向其征收排污费，但该厂领导却以经济效益不好为由，拒绝缴纳。环保局在多次征收未果的情况下，向人民法院起诉，要求造纸厂缴纳应缴排污费。

【问题】市环保局提出的诉讼请求是否合理？

【提示】本题是关于污染环境的排污费争议问题。环保局提出的诉讼请求是合理的。征收排污费是我国环保法规定的一项重要制度，其目的是为了促进企业事业单位加强经营管理，提高资源和能源的利用率，治理污染，改善环境。排污单位应当如实向当地环保部门申报登记排污设施和排放污染物的种类、数量和浓度，经环保部门或其指定的监测单位核定后，作为征收排污费的依据。

（三）《中华人民共和国环境保护法》

1979 年，全国人民代表大会常务委员会通过并颁布了《中华人民共和国环境保护法（试行）》。1989 年 12 月 26 日第七届全国人民代表大会常务委员会第十一次会议通过了《中华人民共和国环境保护法》。第十二届全国人民代表大会常务委员会第八次会议于 2014 年 4 月 24 日修订通过《中华人民共和国环境保护法》。修订后的《中华人民共和国环境保护法》（以下简称《环境保护法》）的主要内容有：

1. 保护环境是国家的基本国策

目前我国环境保护方面的法律有 30 多部，行政法规有 90 多部，《环境保护法》被定位为环境领域的基础性、综合性法律，主要规定环境保护的基本原则和基本制度，解决共性问题。新法增加规定"保护环境是国家的基本国策"，并明确"环境保护坚持保护优先、预防为主、综合治理、公众参与、污染者担责"的原则。

2. 突出强调政府监督管理责任

"监督管理"一章，强化监督管理措施，进一步强化地方各级人民政府对环境质量的责任，规定地方各级人民政府应当对本行政区域的环境质量负责，未达到国家环境质量标准的重点区域、流域的有关地方人民政府，应当制定限制达标规划，并采取措施按期达标。

3. 规定每年 6 月 5 日为环境日

《环境保护法》将联合国大会确定的世界环境日写入本法，规定每年 6 月 5 日为环境日。为进一步提高公民的环保意识，《环境保护法》规定公民应当采用低碳节俭的生活方式，遵守环境保护法律法规，配合实施环境保护措施，按照规定对生活废弃物进行分类放置，减少日常生活对环境造成的损害。

4. 设信息公开和公众参与专章

规定环境信息公开和公众参与，加强公众对政府和排污单位的监督，主要规定了以下内容：

（1）明确公众的知情权、参与权和监督权。规定：公民、法人和其他组织依法享有获取环境信息、参与和监督环境保护的权利，各级人民政府环境保护主管部门和其他负有环境保护监督管理职责的部门应当依法公开环境信息、完善公众参与程序，为公民、法人和其他组织参与和监督环境保护提供便利。

（2）明确重点排污单位应当主动公开环境信息。规定：重点排污单位应当如实向社会公开其主要污染物的名称、排放方式、排放浓度和总量、超标排放情况以及防治污染设施的建设和运行情况，并规定了相应的法律责任。

（3）完善建设项目环境影响评价的公众参与。规定：对依法应当编制环境影响报告书的建设项目，建设单位应当在编制时向公众说明情况，充分征求意见。负责审批建设项目环境影响评价文件的部门在收到建设项目环境影响报告书后，除涉及国家秘密和商业秘密的事项外，应当全文公开；发现建设项目未充分征求公众意见的，应当责成建设单位征求公众意见。

5. 科学确定符合国情的环境基准

《环境保护法》要求科学确定符合我国国情的环境基准。目前，符合我国国情的环境基准缺失，我国现行环境标准主要是在借鉴发达国家环境基准和标准制度上制定的。国家现已建立了重点工程试验中心，建立国家环境基准已具备基本框架。

6. 国家建立健全环境监测制度

《环境保护法》通过规范制度来保障监测数据和环境质量评价的统一，规定国家建立、健全环境监测制度。国务院环境保护主管部门制定监测规范，会同有关部门组织监测网络，统一规划设置监测网络，建立监测数据共享机制；监测机构应当遵守监测规范，监测机构及其负责人对监测数据的真实性和准确性负责。

7. 完善跨行政区污染防治制度

对于跨行政区的污染防治，《环境保护法》明确规定，国家建立跨行政区域的重点区

域、流域环境污染和生态破坏联合防治协调机制，实行统一规划、统一标准、统一监测，实施统一的防治措施。

8. 重点污染物排放将总量控制

一是规定国家对重点污染物实行排放总量控制制度，二是建立对地方政府的监督机制。重点污染物排放总量控制指标由国务院下达，省级人民政府负责分解落实。企业事业单位在执行国家和地方污染物排放标准的同时，应当遵守重点污染物排放总量控制指标。对超过国家重点污染物排放总量控制指标或者未完成国家确定的环境质量目标的地区，省级以上人民政府环境保护行政主管部门应当暂停审批其新增重点污染物排放总量的建设项目环境影响评价文件。

9. 提高服务水平推动农村治理

《环境保护法》针对目前农业和农村污染问题严重的情况，进一步强化了对农村环境的保护：

（1）规定各级人民政府应当促进农业环境保护新技术的使用，加强对农业污染源的监测预警，统筹有关部门采取措施，保护农村环境。

（2）规定县、乡级人民政府应当提高农村环境保护公共服务水平，推动农村环境综合整治。

（3）规定施用农药、化肥等农业投入品及进行灌溉，应当采取措施，防止重金属及其他有毒有害物质污染环境。

（4）规定畜禽养殖场、养殖小区、定点屠宰企业应采取措施，对畜禽粪便、尸体、污水等废弃物进行科学处置，防止污染环境。

（5）规定县级人民政府负责组织农村生活废弃物的处置工作。

10. 没有进行环评的项目不得开工

《环境保护法》将环境保护工作中一些行之有效的措施和做法上升为法律，完善环境保护基本制度，增加规定未依法进行环境影响评价的建设项目，不得开工建设，并规定了相应的法律责任：建设单位未依法提交建设项目环境影响评价文件或者环境影响评价文件未经批准，擅自开工建设的，由负责审批建设项目环境影响评价文件的部门责令停止建设，处以罚款，并可以责令恢复原状。

同时，规定环境经济激励措施，规定企业事业单位和其他生产经营者，在污染物排放符合法定要求的基础上，进一步减少污染物排放的，人民政府应当依法采取财政、税收、价格、政府采购等方面的政策和措施予以鼓励和支持。企业事业单位和其他生产经营者，为改善环境，按照有关规定转产、搬迁、关闭的，人民政府应当予以支持。

11. 明确规定环境公益诉讼制度

《环境保护法》规定：对污染环境、破坏生态，损害社会公共利益的行为，依法在设区的市级以上人民政府民政部门登记的相关社会组织和专门从事环境保护公益活动连续5年以上且信誉良好的社会组织，可以向人民法院提起诉讼，人民法院应当依法受理。同时规定，提起诉讼的社会组织不得通过诉讼牟取利益。情节严重者将适用行政拘留。

12. 进一步加大对违法行为的处罚力度

针对目前环保领域"违法成本低、守法成本高"的问题，《环境保护法》规定：企业事业单位和其他生产经营者有下列情形之一，尚不构成犯罪的，由县级以上人民政府环境保护主管部门或者其他有关部门将案件移送公安机关，对其直接负责的主管人员和其他直接责任人员，处 10 日以上 15 日以下拘留；情节较轻的，处 5 日以上 10 日以下拘留：建设项目未依法进行环境影响评价，被责令停止建设，拒不执行的；违反法律规定，未取得排污许可证排放污染物，被责令停止排污，拒不执行的；通过暗管、渗井、渗坑、灌注或者篡改、伪造监测数据，或者不正常运行防治污染设施等逃避监管的方式排放污染物；生产、使用国家明令禁止生产、使用的农药，被责令改正，拒不改正的。

以案释法

案例 5-8 某矿业严重污染江河被判罚 3 000 万元

自 2006 年 10 月份以来，某矿业集团股份有限公司所属的铜矿湿法厂清污分流涵洞存在严重的渗漏问题，2010 年 7 月 3 日，渗漏造成汀江下游水体污染和养殖鱼类大量死亡的重大环境污染事故，县城区部分自来水厂停止供水 1 天。

2010 年 7 月 16 日，渗漏问题再次对汀江水质造成污染。致使汀江河局部水域受到铜、锌、铁、镉、铅、砷等的污染，造成养殖鱼类死亡达 1850.5 吨，经鉴定鱼类损失价值人民币 2 220.6 万元；同时，为了网箱养殖鱼类的安全，当地政府部门采取破网措施，放生鱼类15 422.2吨。

被告人陈某（2006 年 9 月至 2009 年 12 月任该铜矿矿长）、黄某（该铜矿环保安全处处长）是应对该事故直接负责的主管人员，被告人林某（铜矿湿法厂厂长）、王某（铜矿湿法厂分管环保的副厂长）、刘某（铜矿湿法厂环保车间主任）是该事故的直接责任人员，对该事故均负有直接责任，各被告人行为均已构成重大环境污染事故罪。

据此，综合考虑被告单位自首、积极赔偿受害渔民损失等情节，以重大环境污染事故罪判处被告单位罚金人民币 3 000 万元；被告人林某有期徒刑 3 年，并处罚金人民币 30 万元；被告人王某有期徒刑 3 年，并处罚金人民币 30 万元；被告人刘某有期徒刑 3 年 6 个月，并处罚金人民币 30 万元。对被告人陈某、黄某宣告缓刑。

二、我国农业环境问题及解决

（一）农业环境与农业环境保护

农业环境指的是以农业生物（包括农作物、畜禽和鱼类等）为中心的周围事物的总和，包括大气、水体、土地、光、热以及农业生产者劳动和生活的场所（农区、林区、牧区等），它是自然环境的一个重要组成部分。农业环境保护是整个环境保护工作中的一个重要组成部分，其工作对象和保护目标是农业环境。我国农业环境问题主要包括自然资源

与生态破坏、环境污染两大方面，这里仅重点介绍我国农业环境的污染问题。目前，我国农业环境的污染已十分严重，影响了农业的持续发展和人民的生活质量。主要表现在以下方面：

1. 工业排放的污染物对农业的影响加剧

全国工业企业和城市每年排放的废水、废气、工业废渣、城市垃圾的 $80\%\sim95\%$ 都进入了农业环境。造成土壤、水体被有害、有毒化学物质、病原体、放射性物质等污染，导致土壤结构改变、水质变化。这种污染进入土壤还将影响土壤中微生物的生长活动，有碍植物根系增长，或在植物体内积蓄，危害人体健康。

2. 不合理使用农药造成的生态系统污染

许多农民不能科学、合理、安全地使用化学农药，这些高效农药虽在防治病虫害方面收到了良好的效果，但其中有毒成分的扩散和渗透，直接影响了人类的健康和其他生物的正常生长。农药污染的突出问题是农产品中农药的残留问题，并导致畜禽产品的污染，最终使人类健康遭受危害。

3. 不合理使用化肥造成的生态系统污染

现在粮食的增产主要依靠使用化肥。化肥的使用使土地的依赖性越来越强，导致土壤大幅度板结，肥力下降。特别是化肥流失后破坏水资源，形成硝酸盐污染，威胁饮水安全。在我国部分地区由于长期使用化肥，土壤中有机质的含量逐步下降，土壤质量日趋退化。我国农村化肥利用率低、流失率高的现状导致农田土壤污染，还通过农田径流造成对水体的有机污染、富营养化污染甚至地下水污染和空气污染，破坏了农村生态环境。

4. 禽畜粪便污染

目前，由于养殖业与种植业日益分离，从事养殖业的不种地，粪便不能作为肥料，禽畜粪便被乱排乱堆的现象越来越普遍，严重污染了环境。粪便的乱堆乱放会产生含有大量有害成分的恶臭气体。雨水淋湿溶入地表水将造成水体污染和富营养化，并污染土壤。不经发酵处理的粪便，直接施于土壤，许多有害病菌和寄生虫将对土壤和作物造成污染危害。禽畜粪便污染对农村生态环境直接或间接地造成污染，对人类健康构成了潜在的威胁。

5. 乡镇企业污染问题相当严重

农村乡镇改变了农村产业结构，促进了商品经济的发展，提高了农民生活水平。但由于设备落后、布局不当、管理不善等原因，乡镇企业发展的同时也给环境带来了严重破坏。

（二）农业环境问题的解决

农业环境污染问题是阻碍我国农村经济可持续发展的最大障碍，农村要发展，经济要强大，必须首先治理污染，保护农业环境。解决农业环境问题可采取以下对策：

1. 加大环境保护力度，加强法规建设

提高环境保护的执法能力，提高排污收费标准，以经济手段治污；开征可再生资源利用补偿费，促进企业节约利用资源；建立健全农村环境统计、监测体系，为农村环境管理

提供坚实基础；从税收、信贷等方面对环保企业的发展给予大力支持。

2. 加强面源污染防治，改善农业环境质量

各级环境保护部门要加强畜禽养殖污染防治的监督，抓紧制定相关的法规和标准，严格控制养殖废物的排放。积极探索防治农药、化肥、农膜污染的有效途径，促进农用化学品的合理使用。加强农药和化肥使用的环境安全监督管理，会同有关部门提出控制对策和措施。环境保护部门要积极配合农业、科技等部门，积极开发和推广畜禽粪便和秸秆综合利用技术，不断提高农业废物的资源化和综合利用率。

3. 设置乡镇企业发展区，对关、停、改、转的污染源企业给予适当的经济补偿

在农村设置乡镇企业发展区，进行统一规划、统一管理。解决乡镇企业污染问题，关闭乡镇企业并非治本之策，最多只能见效于一时。乡镇企业能承受由此带来的损失，是其接受政府采取的调控措施的基本前提。为此，政府对实施关、停、改、转等污染源企业给予适当补偿，是十分必要的。

三、农业生态环境保护条例的有关规定

为保护和改善农业生态环境，防治农业生态环境污染，保障农产品质量安全，促进农业可持续发展，根据我国《农业法》《环境保护法》等规定，福建、湖北、江苏、甘肃、安徽等省都结合本省实际，制定了相关的农业生态环境保护条例。

（一）主要内容

1. 耕地保养制度

农业行政主管部门应当加强对耕地使用和养护的监督管理，组织对耕地质量状况的监测，并制定相应的耕地保养规划；农业行政主管部门应当会同土地行政主管部门对耕地地力分等定级；在土地承包经营合同中，应当有耕地保养等内容；耕地使用者必须坚持用地和养地相结合，采取有利于改良土壤、提供地力的耕作制度和方式；农业技术推广机构应当加强对耕作制度和耕作方式的指导。

2. 森林资源保护

地方各级人民政府应当组织植树造林，加快平原、丘陵山区绿化，提供森林覆盖率。地方各级人民政府和农业生产经营组织应当加强农田防护林建设，农田防护林可以依法实施抚育采伐或更新采伐，不得实施皆伐作业。

3. 渔业资源保护

加强对渔业水域的保护，防治渔业水域污染，改善渔业水域的生态环境。渔业行政主管部门应当对渔业水域统一规划，采取措施，保护和增殖渔业资源。农业、渔业行政主管部门应当加强农田灌溉水质和渔业养殖水面的监测，发现水质不符合农田灌溉水质标准和渔业水质标准的，应当及时报告本级政府并通报同级环境保护和水行政主管部门，由县级以上人民政府责令排污单位限期治理。

4. 发展生态农业

地方各级人民政府应当制定生态农业发展规划，建立生态农业试验、示范区。农业行政主管部门和其他有关部门应当积极组织推广生态农业工程技术和农业病、虫、草、鼠害

综合防治技术，并加强对秸秆、畜禽粪便等农业废弃物综合利用技术的研究和推广，积极开发和利用农村可再生能源。农业技术推广机构应当指导农业生产者合理使用化肥，采用配方施肥和秸秆还田，使用微生物肥料，增施有机肥，提高土壤有机质，保持和培肥地力。制定优惠政策，鼓励生产无公害农产品和绿色食品。

5. 农药使用管理

推广使用高效、低毒、低残留农药和生物农药。使用农药应当遵守国家有关农药安全、合理使用的规定，防止对土壤和农产品的污染。不得生产、销售、使用国家明令禁止生产或者撤销登记的农药。对国家禁止使用和限制使用的农药，农业行政主管部门应当予以公布和宣传，并加以监督管理。剧毒、高毒农药不得用于蔬菜、瓜果、茶叶、中草药和直接食用的其他农产品。加强对农产品农药残留量的检测工作。经检测农药残留量超过标准的农产品，禁止销售或限制其用途。

6. 污染排放管理

禁止直接向农田排放工业废水和城镇污水；禁止向农田和灌溉渠道、渔业养殖水面等农用水体倾倒垃圾、废渣等固体废弃物及排放油类、酸类、碱类和剧毒废液；禁止在农用水体浸泡、清洗装贮过油类或者有毒污染物的车辆和容器；禁止超标准排放烟尘、粉尘及有毒、有害气体，对农业生物生长造成有害影响的，排放单位必须采取措施；禁止在基本农田保护区内堆放固体废弃物；确需占用其他农业用地临时堆放固体废弃物的，必须按有关规定办理土地使用审批手续。

（二）监督管理

（1）县级以上地方人民政府的环境保护行政主管部门应当加强农业生态环境保护监测工作，并会同农业和其他有关行政主管部门对农业生态环境质量进行监测和评价，定期提出农业生态环境质量报告书。

（2）县级以上地方人民政府的环境保护行政主管部门和农业等行政主管部门依照有关法律、法规的规定，分别按照各自的职责对本行政区域内的农业环境污染和农业资源破坏情况进行检查，被检查的单位和个人应当如实反映情况，提供必要的资料。发生农业环境污染事故的，由农业行政主管部门协同环境保护行政主管部门调查处理。

（3）因发生事故或者其他突发事件，造成或者可能造成农业环境污染事故的单位和个人，必须立即采取应急措施，及时通报可能受到危害的单位和个人，避免造成更大损失，并在 48 小时之内向当地环境保护和农业行政主管部门报告，接受调查处理。

（三）法律责任

（1）对违反农业生态环境保护条例的单位和个人，由农业和环境保护行政主管部门给予警告、责令改正和罚款等。按法律、法规规定应当给予行政处罚的依照有关法律、法规的规定执行。

（2）当事人对行政处罚决定不服的，可以依法申请行政复议或者提起行政诉讼。当事人逾期不申请复议或者不提起诉讼，又不履行处罚决定的，由做出处罚决定的行政机关申请人民法院强制执行。

（3）造成农业环境污染危害的，有责任排除危害，并对受损害的单位和个人赔偿损失。赔偿责任和赔偿金额纠纷，可以根据当事人的请求，由依照法律、法规规定行使环境监督管理权的部门处理；当事人对处理决定不服的，可以向人民法院起诉。当事人也可以直接向人民法院起诉。

（4）造成重大农业环境污染或者农业资源破坏事故，导致国家、集体和个人财产重大损失或者人身伤亡，构成犯罪的，由司法机关依法追究刑事责任。

（5）农业生态环境行政执法人员玩忽职守、滥用职权、徇私舞弊、索贿受贿尚未构成犯罪的，由其所在单位或者上级机关依法给予行政处分；构成犯罪的，由司法机关依法追究刑事责任。

以案释法

案例 5-9　污染环境理应受罚

2006 年 5 月 29 日，某县人民法院受理了该县某村 14 户 58 位村民起诉该县城建局、环卫所环境污染人身及财产损害赔偿纠纷案件，起诉标的额达 266 万余元。

原告方在诉状中称，2001 年 2 月 20 日，县环卫所与该村在未经原告 14 户 58 名村民同意的情况下，签订了在该村公路边建垃圾处理场的协议。虽然合同约定由环卫所补偿该村 4 万元用于解决原告方人畜饮水问题，但 14 年来没有得到落实。由于垃圾处理场缺乏有效治理，蚊虫乱飞，空气、水、土均受到严重污染，并导致 263 棵果树死亡，粮食减收 10 万余元。更为严重的是，由于食用了受污染的水及土地种植的粮食、蔬菜，58 名村民的身心均受到了严重损害。

原告方还称，为垃圾处理场污染问题，原告多次找被告方协调解决，但均被拒绝。

为证明被告方环境污染事实的客观存在，原告还于 2005 年 4 月，委托县环境监测站对水源、农作物进行了检测评估，该站在评估报告中认定该地水源严重污染，人畜不能饮用，农田受污染严重。为进一步证明该地所产粮食、蔬菜系有毒食品，原告方还于 2005 年 9 月委托市农业环境保护站和农业部环境质量监督检验测试中心对该地水、土、水稻进行抽样检测，监测报告表明：三项指标均严重超标，被污染严重。

原告方认为，被告在原告居住地设置垃圾处理场没有采取必要的防护措施，致使原告住地环境严重污染，且接到投诉后态度消极，构成了对原告方人身及财产的严重侵害，遂依据《中华人民共和国环境保护法》《中华人民共和国水污染防治法》之规定，具状起诉，要求被告方停止侵害，并赔偿各项损失 266.54 万元。

案例 5-6　环保局的处罚合法吗

（1）环保局的处罚是有法律依据的。首先，该厂未执行"三同时"规定，违反了《环境保护法》和《建设项目环境保护管理条例》的要求。其次，该厂排放噪声及震动等已严重超标，违反了法律规定。

（2）该调解属于行政调解，不具强制执行力。当该厂拒不履行时，甲可以到法院起诉该预制板厂。当然甲必须注意诉讼时效的规定。

自学自练

村民委员会诉金矿局污染水田损害赔偿纠纷案

原告：某村村民委员会

法定代表人：任某，某村村民委员会主任

委托代理人：王某，某村党支部书记

委托代理人：陈某，某村村民委员会会计

被告：某金矿局

法定代表人：朱某，金矿局副局长

委托代理人：孔某，金矿局企业管理科科长

委托代理人：张某，金矿局环境保护科副科长

原告某村因被告金矿局在采金中排污污染水田请求赔偿，向该县人民法院起诉。该院依法组成合议庭，于 2013 年 11 月 6 日进行了公开审理，查明：

被告于 1998 年在露河上游建成"1025"号采金船。采金船投产后，发现露河水不集中，不便于采金船生产。2002 年 6 月，被告未经有关部门批准，擅自截断露河河水，抬高水位，用 700 米的人工渠将河水引入"1025"号船坞。人工渠系矿土结构，采金船生产时，对废水未作任何处理，直接排入露河下游，使河水中的悬浮物由原来的每升 143 毫克上升为 5 558 毫克，该村水田进水口处的悬浮物每升达 3 318 毫克，比国家规定的工业废水最高容许排放悬浮物每升 500 毫克，超出 2 818 毫克。

经实地勘验，该村 824 亩水田，162.3 亩受到污染，致使每亩减产水稻 58.3 千克，每年减产 9 462.1 千克，4 年共减产 37 848.4 千克；减产水稻按每千克 0.50 元计算，合计损失 18 924.2 元。由于"1025"号船坞将大量泥浆排入露河，致使该村 100.63 亩水田进水主要渠道被淤泥覆盖，需要清理。其中，水田淤泥最深处达 39 厘米，平均深度为 12.2 厘米，每年需清除淤泥 8184 立方米，4 年共需清淤 32 736 立方米，按每清理一立方米淤泥 1 元计算，共需人工费 32 736 元。将这些淤泥用车运走，按每日车工费 15 元计算，每车日运量 15 立方米，共需 32 736 元。水渠主渠道、支渠及拦河堤淤积的泥浆为 1 038.31

立方米，每年需清理两次，4 年共需清理淤泥 8 306.48 立方米，扣除 15.07％的自然污染与国家容许排污量合计 1 252 立方米，该村需清淤泥 7 115.8 立方米，用工 705.5 个，按每人工费 5 元计算，共计 3 528 元。

【问题】你认为法院会如何审理？

【提示】县人民法院审理认为，《中华人民共和国水污染防治法》第五条第一款规定，一切单位和个人都有责任保护水环境；第二十九条规定，向农田灌溉渠道排放工业废水和城市污水，应当保证其下游最近的灌溉取水点的水质符合农田灌溉水质标准。《中华人民共和国环境保护法》第二十九条规定，排放污水必须符合国家的标准。但是，该金矿局未经任何部门批准，将露河改道，引河水入船坞。"1025"号采金船在生产过程中，未采取任何防治措施，用河水冲洗采金，又将严重超标准的尾矿水排入露河河道，致使大量带有悬浮物的尾矿水沿河而下，造成该村引水渠堵塞，水田污染，水稻减产。对此，被告应负造成水污染的直接责任。原告要求被告承担民事责任，赔偿损失，应予支持。

综上，县人民法院于 1987 年 11 月 20 日判决如下：

原告 4 年水稻减产 37 484.4 千克，每千克计价 0.50 元，共计损失 18 924.2 元；4 年清除水田被污染的淤泥损失人工费和车工费，共计 65 472 元；4 年清除主渠、支渠和拦河堤淤泥，共计损失 3 528 元。以上使原告 4 年共损失 87 924.2 元，由被告负责赔偿，判决生效后一次付清。

第一审诉讼费用 2 029 元，由被告负担。

被告不服第一审判决，向市中级人民法院提出上诉。理由是：承认对在采金过程中超标准排污应负一定责任，但不能承担原告的全部损失，只应承担扣除其他因素所造成的减产和用工损失。

市中级人民法院第二审认为，第一审人民法院在审理该案时，已充分考虑了上诉人提出的理由，在计算损失时，已扣除 15.07％的自然污染和国家容许排污量及 3 厘米以下的淤泥面积。原审法院认定事实清楚，是非、责任分明，适用法律正确，上诉人的上诉理由不予支持。判决驳回上诉，维持原判。

第二审诉讼费用 2 026 元，由上诉人负担。

模块六

企业法律制度

公司制企业、合伙企业和个人独资企业是社会主义市场经济条件下重要的商业组织形态，相关法律制度的颁布实施对确立企业的法律地位并使其健康发展提供了制度保障，同时也规范了各类型企业的组织和行为，能更好地保护投资者、债权人等利益相关者的合法权益，维护社会经济秩序，促进社会主义市场经济的发展。

项目一 公司法律制度

案例 6-1　公司成立了吗

张某、李某和刘某各出资 6 万元成立了一家经营超市的有限责任公司，并起名为"真实在超市有限公司"，因为种种原因，未到工商行政管理部门办理注册登记手续。超市成立后，因地段较偏，经营管理不善，生意很差，三人遂决定解散超市。经过清算，超市资产不足清偿超市债务，尚欠 6 万元债务无法偿还，债主找到三人，要求三人偿还债务，但三人以超市是有限责任公司为由，拒绝偿还债务。

【问题】

真实在超市有限公司成立了吗？三人拒绝偿还债务的理由成立吗？为什么？

知识储备

一、概述

（一）公司的概念及特征

根据公司法的规定，公司是指股东依法以投资方式设立，以营利为目的，以其认缴的出资额或认购的股份为限对公司承担责任，公司以其全部独立法人财产对公司债务承担责任的企业法人。公司具有如下特征：

（1）公司必须依照公司法设立。

（2）公司必须以营利为目的。

（3）公司必须是企业法人。

（二）公司法的概念与适用范围

1. 公司法的概念　公司法是规定公司法律地位、调整公司组织关系、规范公司在设立、变更与终止过程中的组织行为的法律规范的总称。我国现行调整公司关系的基本法是《中华人民共和国公司法》（以下简称《公司法》）。

2. 公司法的适用范围　我国《公司法》规定，本法所称公司是指依照本法在中国境内设立的有限责任公司和股份有限公司。《公司法》的适用范围如下：

（1）凡在中国境内设立的有限责任公司和股份有限公司均适用我国的《公司法》。

（2）在我国境内的外商投资的有限责任公司也适用《公司法》。

（3）有关中外合资经营企业、中外合作经营企业、外商独资企业的法律另有规定的，适用《中华人民共和国中外合资经营企业法》《中华人民共和国中外合作经营企业法》和《中华人民共和国外资企业法》的规定。

（三）公司的分类

根据不同的标准，公司有不同的分类。常见的分类方法见表6-1。

表6-1　公司的分类

标准	分类	含　义
根据公司股东承担责任的方式分	无限责任公司	指公司全体股东对公司债务承担无限连带责任的公司
	有限责任公司	指公司股东以其出资额为限，对公司债务承担有限责任，公司以其全部资产为限，对公司债务承担责任的公司
	股份有限公司	指公司的全部资本划分为等额股份，股东以其所有的股份对公司承担有限责任，公司以其全部资产对公司债务承担责任的公司
	两合公司	指由无限责任股东与有限责任股东组成的公司
根据公司之间的控制和依附关系分	母公司	指掌握另一个公司的多数股权并且控制该公司经营的公司
	子公司	指多数股权被另一公司持有并且受该公司控制的公司。子公司和母公司是关联企业，都具有企业法人资格
根据公司内部管辖系统分	总公司	又称"本公司"，是管辖公司全部组织系统的总机构
	分公司	分公司是隶属于总公司的分支机构，其本身不具有企业法人资格

以案释法

案例6-2　我国有这种类型的公司吗

张某、李某和王某分别出资30万元、20万元、10万元，准备设立一个公司。根据法律规定，三人为公司注册了名称，并成立了相应的机构，明确了公司的经营方向和目标。三人为了表明诚意，约定利益均分，责任共担。公司对外清偿债务时，如果一方有问题，其他人应主动为其分担，直至用公司以外的个人财产来清偿。

【问题】三人预设立的公司是什么类型的公司？这类公司有什么特点？我国法律是如何规定的？

【提示】三人预设立的公司是无限责任公司。无限责任公司是指由两个以上股东组成，全体股东对公司债务负连带无限清偿责任的公司。这类公司我国法律不予保护。《中华人民共和国公司法》中所称的公司，是指依照《公司法》的规定，在中国境内设立的有限责任公司和股份有限公司。

二、有限责任公司

（一）有限责任公司的设立条件

1. 股东符合法定人数　《公司法》规定，有限责任公司由 50 个以下股东出资设立。股东既可以是自然人，也可以是法人。

2. 有符合公司章程规定的全体股东认缴的出资额　股东可以用货币出资，也可以用实物、知识产权、土地使用权等可以用货币估价并可以依法转让的非货币财产作价出资；但是，法律、行政法规规定不得作为出资的财产除外。

> **知识链接**
>
> 股东出资的相关规定
>
> （1）股东以非货币财产出资的，应当依法办理其财产权的转移手续。
>
> （2）股东不按照规定缴纳出资的，除应当向公司足额缴纳外，还应当向已按期足额缴纳出资的股东承担违约责任。
>
> （3）有限责任公司成立后，发现作为设立公司出资的非货币财产的实际价额显著低于公司章程所定价额的，应当由交付该出资的股东补足其差额；公司设立时的其他股东承担连带责任。
>
> （4）公司成立后，股东不得抽逃出资。

3. 股东共同制定公司章程　有限责任公司的公司章程是明确公司组织规范及行动准则的书面文件，由全体股东在自愿协商的基础上制定。股东应当在公司章程上签名、盖章。

有限责任公司章程应当载明下列事项：

（1）公司名称和住所。

（2）公司经营范围。

（3）公司注册资本。

（4）股东的姓名或者名称。

（5）股东的出资方式、出资额和出资时间。

（6）公司的机构及其产生办法、职权、议事规则。

（7）公司法定代表人。

（8）股东会会议认为需要规定的其他事项。

4. 有公司名称，建立符合有限责任公司要求的组织机构　我国公司的名称一般由行政区划、名称、所属行业、组织形式四个部分组成。有限责任公司必须有自己的名称，并且在名称中要标明"有限责任"或"有限"字样。公司的组织机构是公司进行经营运作的内部机构。有限责任公司的组织机构一般包括股东会、董事会、经理、监事会等。

5. 有公司住所

（二）有限责任公司的设立程序

有限责任公司的设立程序见图 6-1，公司营业执照签发日期，为有限责任公司成立日期。

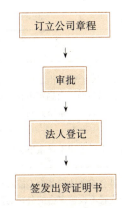

图 6-1　有限责任公司的设立程序

以案释法

案例 6-3　有限责任公司的设立

　　甲、乙、丙、丁四人开发了一套应用软件，经法定评估机构评估，确认其价值为人民币 10 万元。四人经过市场调研，认为该软件有一定的市场前景。于是决定共同开办一个软件开发与技术咨询服务的有限责任公司。甲、乙各以人民币 2 万元出资，丙、丁各用经评估机构评估作价为人民币 1.5 万元的办公设备出资，另外将软件以非专利技术作为四人的共同财产作价出资。

　　【问题】
　　(1) 四人投资可否设立有限责任公司？
　　(2) 四人出资方式是否符合法律规定？
　　【提示】
　　(1) 四人投资可以设立有限责任公司（股东 50 个以下）。
　　(2) 四人出资方式符合法律规定（货币、实物、知识产权、土地使用权）。

（三）有限责任公司的组织机构

　　1. 股东会　有限责任公司股东会由全体股东组成。股东会是公司的权力机构。股东会的议事规则见表 6-2。

表 6-2　股东会的议事规则

股东会	会　议	有关规定
股东会会议召开（提前 15 日通知全体股东）	定期会议	定期会议应当依照公司章程的规定按时召开
	临时会议	代表 1/10 以上表决权的股东、1/3 以上的董事、监事会或者不设监事会的公司的监事提议召开临时会议的，应当召开临时会议
股东会会议的召集和主持	首次会议	首次股东会会议由出资最多的股东召集和主持

（续）

股东会	会 议	有关规定
股东会会议的召集和主持	以后会议	设立董事会的，由董事会召集，董事长主持；董事长不能履行职务或者不履行职务的，由副董事长主持；副董事长不能履行职务或者不履行职务的，由半数以上董事共同推举一名董事主持
		有限责任公司不设董事会的，股东会会议由执行董事召集和主持
		董事会或者执行董事不能履行或者不履行召集股东会会议职责的，由监事会或者不设监事会的公司的监事召集和主持
		监事会或者监事不召集和主持的，代表 1/10 以上表决权的股东可以自行召集和主持
股东会决议		股东会会议由股东按照出资比例行使表决权，公司章程另有规定的除外。股东会的议事方式和表决程序，除《公司法》有规定的外，由公司章程规定
		股东会会议做出修改公司章程、增加或者减少注册资本的决议，以及公司合并、分立、解散或者变更公司形式的决议，必须经代表 2/3 以上表决权的股东通过

知识链接

股东会的职权

（1）决定公司的经营方针和投资计划。

（2）选举和更换非由职工代表担任的董事、监事，决定有关董事、监事的报酬事项。

（3）审议批准董事会的报告。

（4）审议批准监事会或者监事的报告。

（5）审议批准公司的年度财务预算方案、决算方案。

（6）审议批准公司的利润分配方案和弥补亏损方案。

（7）对公司增加或者减少注册资本做出决议。

（8）对发行公司债券做出决议。

（9）对公司合并、分立、解散、清算或者变更公司形式做出决议。

（10）修改公司章程。

（11）公司章程规定的其他职权。对上述所列事项股东以书面形式一致表示同意的，可以不召开股东会会议，直接做出决定，并由全体股东在决定文件上签名、盖章。

2. 董事会或执行董事

关于董事会的组成、任期及议事规则见表6-3。

表 6-3 董事会的组成、任期及议事规则

董事会	有关规定
成员组成	有限责任公司设董事会,其成员为 3~13 人
	两个以上的国有企业或者两个以上的其他国有投资主体投资设立的有限责任公司,其董事会成员中应当有公司职工代表;其他有限责任公司董事会成员中可以有公司职工代表。董事会中的职工代表由公司职工通过职工代表大会、职工大会或者其他形式民主选举产生
	董事会设董事长一人,可以设副董事长。董事长、副董事长的产生办法由公司章程规定。股东人数较少或者规模较小的有限责任公司,可以设一名执行董事,不设董事会。董事长或执行董事可以兼任公司经理
任期	董事任期由公司章程规定,但每届任期不得超过 3 年。董事任期届满,连选可以连任。董事任期届满未及时改选,或者董事在任期内辞职导致董事会成员低于法定人数的,在改选出的董事就任前,原董事仍应当依照法律、行政法规和公司章程的规定,履行董事职务
议事规则	董事会会议由董事长召集和主持;董事长不能履行职务或者不履行职务的,由副董事长召集和主持;副董事长不能履行职务或者不履行职务的,由半数以上董事共同推举一名董事召集和主持
	董事会的议事方式和表决程序,除《公司法》有规定的外,由公司章程规定。董事会应当将所议事项的决定做成会议记录,出席会议的董事应当在会议记录上签名。董事会决议的表决,实行一人一票

知识链接

董事会的职权

(1) 召集股东会会议,并向股东会报告工作。

(2) 执行股东会的决议。

(3) 决定公司的经营计划和投资方案。

(4) 制订公司的年度财务预算方案、决算方案。

(5) 制订公司的利润分配方案和弥补亏损方案。

(6) 制订公司增加或者减少注册资本以及发行公司债券的方案。

(7) 制订公司合并、分立、解散或者变更公司形式的方案。

(8) 决定公司内部管理机构的设置。

(9) 决定聘任或者解聘公司经理及其报酬事项,并根据经理的提名决定聘任或者解聘公司副经理、财务负责人及其报酬事项。

(10) 制定公司的基本管理制度。

(11) 公司章程规定的其他职权。

---

3. 经理 有限责任公司可以设经理,由董事会决定聘任或者解聘。经理对董事会负责,经理列席董事会会议。

经理的职权

(1) 主持公司的生产经营管理工作，组织实施董事会决议。

(2) 组织实施公司年度经营计划和投资方案。

(3) 拟订公司内部管理机构设置方案。

(4) 拟订公司的基本管理制度。

(5) 制定公司的具体规章。

(6) 提请聘任或者解聘公司副经理、财务负责人。

(7) 决定聘任或者解聘除应由董事会决定聘任或者解聘以外的负责管理人员。

(8) 董事会授予的其他职权。

4. 监事会或者监事

关于监事会的组成、任期及监事会会议议事规则见表6-4。

表6-4　监事会的组成、任期及议事规则

监事会		有关规定
		有限责任公司设监事会，其成员不得少于3人。股东人数较少或者规模较小的有限责任公司，可以设1~2名监事，不设监事会
组成		监事会应当包括股东代表和适当比例的公司职工代表，其中职工代表的比例不得低于1/3，具体比例由公司章程规定。监事会中的职工代表由公司职工通过职工代表大会、职工大会或者其他形式民主选举产生
		监事会设主席一人，由全体监事过半数选举产生
		董事、高级管理人员不得兼任监事。
任期		监事的任期每届为3年。监事任期届满，连选可以连任。监事任期届满未及时改选，或者监事在任期内辞职导致监事会成员低于法定人数的，在改选出的监事就任前，原监事仍应当依照法律、行政法规和公司章程的规定，履行监事职务
监事会会议	召开	监事会每年度至少召开一次会议，监事可以提议召开临时监事会会议
	召集主持	监事会主席召集和主持监事会会议；监事会主席不能履行职务或者不履行职务的，由半数以上监事共同推举一名监事召集和主持监事会会议
	决议	监事会的议事方式和表决程序，除《公司法》有规定的外，由公司章程规定。监事会决议应当经半数以上监事通过。监事会应当将所议事项的决定做成会议记录，出席会议的监事应当在会议记录上签名

监事会或者监事的职权

（1）检查公司财务。

（2）对董事、高级管理人员执行公司职务的行为进行监督，对违反法律、行政法规、公司章程或者股东会决议的董事、高级管理人员提出罢免的建议。

（3）当董事、高级管理人员的行为损害公司的利益时，要求董事、高级管理人员予以纠正。

（4）提议召开临时股东会会议，在董事会不履行《公司法》规定的召集和主持股东会会议职责时召集和主持股东会会议。

（5）向股东会会议提出提案。

（6）依法对董事、高级管理人员提起诉讼。

（7）公司章程规定的其他职权。

以案释法

案例 6-4　有限责任公司的组织机构

甲、乙、丙三人共同出资 100 万元设立了一家有限责任公司，其中甲出资 60 万元，乙出资 25 万元，丙出资 15 万元。2012 年 4 月公司成立后，召开了第一次股东会会议。

【问题】

（1）本次会议应由谁来召集和主持？

（2）会议决定不设董事会，由甲出任执行董事兼任经理是否合法？

（3）会议决定设一名监事，由丙担任，任期两年，该决定是否合法？

【提示】

（1）由甲召集和主持。有限责任公司首次股东会由出资最多的股东召集和主持。

（2）合法。股东人数较少或者规模较小的有限责任公司，可以设一名执行董事，不设董事会，执行董事可以兼任公司经理，执行董事是公司的法定代表人。

（3）任期两年不合法。股东人数较少或者规模较小的有限责任公司，可以设 1～2 名监事，不设监事会；监事的任期每届为 3 年。

（四）一人有限责任公司

1. 概念　一人有限责任公司，是指只有一个自然人股东或者一个法人股东的有限责任公司。

2. 特别规定

（1）一个自然人只能投资设立一个一人有限责任公司。该一人有限责任公司不能投资设立新的一人有限责任公司。

（2）一人有限责任公司应当在公司登记中注明自然人独资或者法人独资，并在公司营业执照中载明。一人有限责任公司章程由股东制定。

（3）一人有限责任公司不设股东会。股东做出决定时，应当采用书面形式。

（4）一人有限责任公司应当在每一会计年度终了时编制财务会计报告，并经会计师事务所审计。

（5）一人有限责任公司的股东不能证明公司财产独立于股东自己的财产的，应当对公司债务承担连带责任。

以案释法

案例 6-5　一人有限责任公司

2012 年，张某依照《公司法》设立了甲一人有限责任公司。2014 年，张某欲以甲一人有限责任公司作为投资人设立乙一人有限责任公司。

【问题】该公司能否设立？

【提示】该公司不能设立。一个自然人只能投资设立一个一人有限责任公司。该一人有限责任公司不能投资设立新的一人有限责任公司。

三、股份有限公司

（一）股份有限公司的设立方式

股份有限公司的设立，可以采取发起设立或者募集设立的方式。

1. 发起设立　发起设立是指由发起人认购公司应发行的全部股份而设立公司。

2. 募集设立　募集设立是指由发起人认购公司应发行股份的一部分，其余股份向社会公开募集或者向特定对象募集而设立公司。以募集设立方式设立股份有限公司的，发起人认购的股份不得少于公司股份总数的 35％；但是，法律、行政法规另有规定的，从其规定。

（二）股份有限公司的设立条件

1. 发起人符合法定人数　设立股份有限公司，应当有 2 人以上 200 人以下为发起人，其中须有半数以上的发起人在中国境内有住所。

2. 有符合公司章程规定的全体发起人认购的股本总额或者募集的实收股本总额

3. 股份发行、筹办事项符合法律规定　发起人向社会公开募集股份，必须公告招股说明书，并制作认股书。由认股人填写认购股数、金额、住所，并签名、盖章。认股人按照所认购股数缴纳股款。

4. 发起人制订公司章程，采用募集方式设立的经创立大会通过　股份有限公司章程应当载明下列事项：

（1）公司名称和住所。

（2）公司经营范围。

（3）公司设立方式。

（4）公司股份总数、每股金额和注册资本。

（5）发起人的姓名或者名称、认购的股份数、出资方式和出资时间。

（6）董事会的组成、职权和议事规则。

（7）公司法定代表人。

（8）监事会的组成、职权和议事规则。

（9）公司利润分配办法。

（10）公司的解散事由与清算办法。

（11）公司的通知和公告办法。

（12）股东大会会议认为需要规定的其他事项。

5. 有公司名称，建立符合股份有限公司要求的组织机构　公司名称由行政区划、名称、所属行业、组织形式四个部分组成，须含"股份有限"或"股份"字样。

6. 有公司住所

以案释法

案例 6-6　股份有限公司的设立

甲、乙、丙三人作为发起人准备设立一家股份有限公司，注册资本 1000 万元，甲、乙、丙各出资 100 万元，采取募集设立方式设立。

【问题】甲、乙、丙的出资符合《公司法》规定吗？

【提示】不符合。以募集设立方式设立股份有限公司的，发起人认购的股份不得少于公司股份总数的 35％。

（三）股份有限公司的设立程序

股份有限公司的设立程序因采取发起设立或募集设立而不同。

1. 发起设立　发起设立的程序见表 6-5。

表 6-5　发起设立的程序

设立程序	有关规定
发起人书面认足公司章程规定其认购的股份	一次缴纳的，应即缴纳全部出资；分期缴纳的，应即缴纳首期出资。以非货币财产出资的，应当依法办理其财产权的转移手续
选举董事会和监事会	发起人首次缴纳出资后，应当选举董事会和监事会
申请设立登记	由董事会向公司登记机关报送公司章程、由依法设定的验资机构出具的验资证明以及法律、行政法规规定的其他文件，申请设立登记
公　告	公司营业执照签发日期，为公司成立日期

2. 募集设立　募集设立的程序见表 6-6。

表 6-6　募集设立的程序

设立程序	有关规定
发起人认购法定数额的股份	以募集设立方式设立股份有限公司的，发起人认购的股份不得少于公司股份总数的 35％；法律、行政法规另有规定的，从其规定
公开募集股份	发起人向社会公开募集股份，必须公告招股说明书，并制作认股书
缴纳股款	发起人向社会公开募集股份，应当同银行签订代收股款协议
召开创立大会	发起人应当自股款缴足之日起 30 日内主持召开公司创立大会。创立大会由发起人、认股人组成。发起人应当在创立大会召开 15 日前将会议日期通知各认股人或者予以公告
	创立大会应有代表股份总数过半数的发起人、认股人出席，方可举行。创立大会做出决议，必须经出席会议的认股人所持表决权过半数通过
	发起人、认股人缴纳股款或者交付抵作股款的出资后，除未按期募足股份、发起人未按期召开创立大会或者创立大会决议不设立公司的情形外，不得抽回其股本
申请设立登记	董事会应于创立大会结束后 30 日内，向公司登记机关报送下列文件，申请设立登记：公司登记申请书；创立大会的会议记录；公司章程；验资证明；法定代表人、董事、监事的任职文件及其身份证明；发起人的法人资格证明或者自然人身份证明；公司住所证明
公　告	公司营业执照签发日期，为公司成立日期

（四）股份有限公司的组织机构

1. 股东大会　股份有限公司股东大会由全体股东组成，是公司的权力机构。股东大会的议事规则见表 6-7。

表 6-7　股东大会议事规则

股东大会		有关规定
形式	年会	股东大会应当每年召开一次年会
	临时会	有下列情形之一的，应当在两个月内召开临时股东大会：董事人数不足《公司法》规定人数或者公司章程所定人数的 2/3 时；公司未弥补的亏损达实收股本总额 1/3 时；单独或者合计持有公司 10％以上股份的股东请求时；董事会认为必要时；监事会提议召开时；公司章程规定的其他情形
召集和主持		股东大会会议由董事会召集，董事长主持；董事长不能履行职务或者不履行职务的，由副董事长主持；副董事长不能履行职务或者不履行职务的，由半数以上董事共同推举一名董事主持
		董事会不能履行或者不履行召集股东大会会议职责的，监事会应当及时召集和主持
		监事会不召集和主持的，连续 90 日以上单独或者合计持有公司 10％以上股份的股东可以自行召集和主持

（续）

股东大会	有关规定
会议决议	股东出席股东大会会议，所持每一股份有一表决权。公司持有的本公司股份没有表决权
	股东大会作出决议，必须经出席会议的股东所持表决权过半数通过
	股东大会作出修改公司章程、增加或者减少注册资本的决议，以及公司合并、分立、解散或者变更公司形式的决议，必须经出席会议的股东所持表决权的 2/3 以上通过

2. 董事会 关于董事会的组成、任期及议事规则见表 6-8。

表 6-8 董事会的组成、任期及议事规则

董事会		有关规定
成员组成		股份有限公司设董事会，其成员为 5～19 人
		董事会成员中可以有公司职工代表。董事会中的职工代表由公司职工通过职工代表大会、职工大会或者其他形式民主选举产生
		董事会设董事长一人，可以设副董事长。董事长和副董事长由董事会以全体董事的过半数选举产生
		董事长召集和主持董事会会议，检查董事会决议的实施情况。副董事长协助董事长工作，董事长不能履行职务或者不履行职务的，由副董事长履行职务；副董事长不能履行职务或者不履行职务的，由半数以上董事共同推举一名董事履行职务
任 期		董事任期由公司章程规定，但每届任期不得超过 3 年。董事任期届满，连选可以连任。董事任期届满未及时改选，或者董事在任期内辞职导致董事会成员低于法定人数的，在改选出的董事就任前，原董事仍应当依照法律、行政法规和公司章程的规定，履行董事职务
董事会会议	定期会议	董事会每年度至少召开两次会议，每次会议应当于会议召开 10 日前通知全体董事和监事
	临时会议	代表 1/10 以上表决权的股东、1/3 以上董事或者监事会，可以提议召开董事会临时会议。董事长应当自接到提议后 10 日内，召集和主持董事会会议
董事出席董事会会议		董事会会议，应由董事本人出席；董事因故不能出席，可以书面委托其他董事代为出席，委托书中应载明授权范围
		董事会会议应有过半数的董事出席方可举行
董事会会议决议		董事会决议的表决，实行一人一票。董事会做出决议，必须经全体董事的过半数通过
		董事应当将会议所议事项的决定做成会议记录，出席会议的董事应当在会议记录上签名。董事应当对董事会的决议承担责任。但经证明在表决时曾表明异议并记载于会议记录的，该董事可以免除责任

3. 经理 股份有限公司设经理，由董事会决定聘任或者解聘。经理对董事会负责，经理列席董事会会议。

4. 监事会 关于监事会的组成、任期及监事会会议议事规则见表 6-9。

表 6-9 监事会的组成、任期及议事规则

监事会		有关规定
组　成		股份有限公司设监事会，其成员不得少于 3 人
		监事会应当包括股东代表和适当比例的公司职工代表，其中职工代表的比例不得低于 1/3，具体比例由公司章程规定。监事会中的职工代表由公司职工通过职工代表大会、职工大会或者其他形式民主选举产生
		监事会设主席一人，可以设副主席。监事会主席和副主席由全体监事过半数选举产生
		董事、高级管理人员不得兼任监事
任　期		监事的任期每届为 3 年。监事任期届满，连选可以连任。监事任期届满未及时改选，或者监事在任期内辞职导致监事会成员低于法定人数的，在改选出的监事就任前，原监事仍应当依照法律、行政法规和公司章程的规定，履行监事职务
监事会会议	召　开	监事会每 6 个月至少召开一次会议。监事可以提议召开临时监事会会议
	召集主持	监事会主席召集和主持监事会会议；监事会主席不能履行职务或者不履行职务的，由监事会副主席召集和主持监事会会议；监事会副主席不能履行职务或者不履行职务的，由半数以上监事共同推举一名监事召集和主持监事会会议
	决　议	监事会决议应当经半数以上监事通过。监事会应当将所议事项的决定做成会议记录，出席会议的监事应当在会议记录上签名

以案释法

案例 6-7　股份有限公司

　　甲、乙、丙三家国有企业共同作为发起人，设立一家股份有限公司。公司注册资本为人民币 2 000 万元，其中甲企业认购 500 万元股份，乙企业认购 300 万元股份，丙企业认购 200 万元股份，其余股份依法向社会公开募集。公司在设立过程中，三家企业共同制定公司章程。由于公司规模较小，公司决定不设董事会，由认购股份最多的甲企业的负责人担任公司的执行董事并兼任公司总经理。

【问题】

　　(1) 该公司的发起人人数是否符合法律规定？

　　(2) 股份发行事项是否符合法律规定？

　　(3) 章程制定的程序是否合法？

　　(4) 机构设置是否符合法律规定？

【提示】

　　(1) 发起人人数符合法律规定。设立股份有限公司，应当有 2 人以上 200 人以下为发起人，其中须有半数以上的发起人在中国境内有住所。

　　(2) 股份发行事项符合法律规定。以募集设立方式设立股份有限公司的，发起人认购的股份不得少于公司总股份的 35%。本例中已达到 50%。

　　(3) 章程制定的程序不合法。以募集方式设立股份有限公司的，公司章程由发起人制定，并经创立大会通过。本例中没有经创立大会通过。

（4）机构设置不符合法律规定。股份有限公司必须设立董事会作为公司的经营管理机构。公司决定不设董事会，只设执行董事并兼任公司的总经理，不符合《公司法》规定。

（五）公司财务与会计

1. 公司利润分配的顺序　公司利润是指公司在一定会计期间的经营成果。利润包括收入减去费用后的净额、直接计入当期利润的利得和损失等。公司应按如下顺序进行利润分配：

（1）弥补以前年度的亏损。根据我国企业所得税法规定，纳税人发生年度亏损的，可以用下一年度的所得弥补；下一年度的所得不足以弥补的，可以逐年连续弥补，但是弥补期限最长不得超过 5 年。

（2）缴纳所得税。

（3）经税前弥补亏损后，仍有亏损的，以法定公积金继续弥补亏损，当法定公积金不足弥补以前年度亏损时，以利润弥补亏损。

（4）依法提取法定公积金。公司分配当年利润时，应当提取利润的 10％作为法定公积金。

（5）提取任意公积金。

（6）向股东分配利润。

股东会或者董事会违反规定，在弥补亏损和提取法定公积金之前向股东分配利润的，必须将违反规定分配的利润退还公司。

以案释法

案例 6-8　公司的利润分配

甲、乙、丙三位投资者共同投资设立一有限责任公司，公司注册资本为人民币 50 万元，其中甲投资者的投资额为 20 万元，乙投资者和丙投资者的投资额各为 15 万元。该公司投资的当年就获利，但由于竞争的压力，2012 年公司亏损 2 万元。2013 年，该公司及时调整了经营策略，开发了适销对路的新产品，盈利 7 万元。该公司是按 10％提取法定公积金的，而且不提取任意公积金（该公司适用 25％的所得税税率）。

【问题】该公司 2013 年的利润应如何分配？

【提示】根据《公司法》的规定，该公司的利润分配顺序是：弥补亏损，缴纳所得税，提取法定公积金，向股东分配利润。具体为：

（1）弥补亏损 2 万元，剩余 7－2＝5（万元）。

（2）缴纳所得税 5×25％＝1.25（万元）。

（3）提取法定公积金（5－1.25）×10％＝0.375（万元）。

（4）向股东分配利润。

可向股东分配的利润为 5－1.25－0.375＝3.375（万元）

向甲投资者分配的利润为 3.375×20/50＝1.35（万元）

向乙投资者分配的利润为 3.375×15/50＝1.0125（万元）

向丙投资者分配的利润为 3.375×15/50＝1.0125（万元）

2. 公司公积金

（1）公积金的种类。公积金分为盈余公积金和资本公积金两类。具体规定见表6-10。

表6-10 公积金的种类

种　类		含　义
盈余公积金	法定盈余公积金	法定盈余公积金按照税后利润（减弥补亏损）的10％提取，当公司法定公积金累计额已达到注册资本的50％时，可不再提取
	任意盈余公积金	任意盈余公积金是按照公司章程规定或股东会的决议，从税后利润中提取的
资本公积金		法定资本公积金是指直接由资本以及其他原因所形成的公积金，包括资本溢价、法定资产重估增值、接受捐赠的资产价值等

（2）公积金的用途。公司的公积金应当按照规定的用途使用。公司公积金主要有以下两方面用途：

①弥补亏损。按照国家税法规定，公司的亏损可以用缴纳所得税前的利润弥补，超过用所得税前利润弥补期限仍未补足的亏损，可以用公司税后利润抵补；发生特大亏损，税后利润仍不足抵补的，可以用公司的公积金抵补。

②转增资本。公司为了实现增加资本的目的，可以将公积金的一部分转为资本。股份有限公司经股东大会决议将公积金转增资本时，按股东原有股份比例派送新股。对用任意公积金转增资本的，法律没有限制，但用法定公积金转增资本时，法律规定公司所留存该项公积金不得少于转增前公司注册资本的25％。

以案释法

案例6-9 公积金

某股份有限公司注册资本为人民币 3 000 万元，公司现有法定盈余公积金和任意盈余公积金各 1 000 万元，现该公司拟以公积金 500 万元增资派股。公司设定了两个增资方案：

（1）将法定盈余公积金 300 万元、任意盈余公积金 200 万元转为公司资本；

（2）将法定盈余公积金 200 万元、任意盈余公积金 300 万元转为公司资本。

【问题】应该选哪个方案？

【提示】应该选方案（2）。

方案（1）：（1000－300）÷3000＜25％；方案（2）：（1000－200）÷3000＞25％。用任意盈余公积金转增资本的，法律没有限制；用法定盈余公积金转增资本时，转增后所留存的该项公积金不得少于转增前公司注册资本的25％。

（六）公司债券与公司股票

股份有限公司的股份，是指按相等金额或者相同比例，平均划分公司资本的基本计量单位，代表股东在公司中的权利与义务。股票是公司签发的证明股东所持有股份的凭证，采用纸面形式或者国务院证券管理部门确认的其他形式，是股份的法律表现形式。公司债券是指公司依照法定条件和程序发行的，约定一定期限内还本付息的有价证券。

公司债券与公司股票是不同的，二者主要区别见表6-11。

表6-11　债券与股票的区别

区　别	债　券	股　票
性质不同	公司债券的本质是债权，持有债券的人是公司的债权人，无权参与公司的经营管理	股票的本质是股权，具有物权性质；持有股票的人是公司的股东，有权参与公司的经营管理
收益不同	债券的收益是事先确定的固定利息	股票的收益是不确定的股息或红利
风险不同	债券的利息是固定的，是在股票的股息分配之前进行的，不论公司是否盈利，都要向债权人支付；债券到期要归还本金，公司终止或破产时，债券的清偿先于股票持有人的清偿	股票的股息是不固定的，是在满足全部债权之后有余利时才可以分配的，如果公司没有盈利，就不能分配。股票作为投资的权利凭证，不能退股

以案释法

案例6-10　公司债券和股票的区别

一天，几位股民在证券交易大厅讨论是否购买A上市公司发行的公司债券问题。股民赵某说："既然A公司债券与股票都通过上网发行，因此，购买A公司的债券也就等于购买了A公司股票，都将成为A公司的股东。"股民林某说："公司如果年终盈利，购买股票可以得到分红，购买债券可以得到利息；但如果公司亏损，公司将不向股东分红，也不付债券利息。"股民王某说："购买公司债券，公司到期还本付息，收益是固定的；而购买公司股票，公司虽然不退还股本，但能获得更高的收益。"

【问题】　股民赵某、林某、王某的观点是否正确？

【提示】　根据公司债券定义，公司债券表示发行者与投资者之间的债权、债务关系。投资者购买A公司债券，成为A公司的债权人，但并不拥有股东的

权利。因此股民赵某的观点不正确。公司债券性质决定了不论公司是否盈利，在约定期限内公司负有对债权人还本付息的义务。因此，股民林某"公司亏损不付债券利息"的观点不正确。公司债券与公司股票具有不同的法律特征。公司债券的利息是固定的；而公司股票的收益可能较高或者较低，或者没有，或者是负收益，风险比债券大。因此，股民王某"购买公司债券，公司到期还本付息，收益是固定的；而购买公司股票，公司不退还股本"的观点是正确的；但王某"能获得更高的收益"的观点是不正确的。

四、违反《中华人民共和国公司法》的法律责任

1. 公司责任

（1）公司以欺诈手段取得公司登记或募集资金的法律责任。我国《公司法》规定，办理公司登记时虚报注册资本，提交虚假证明文件或者采取其他欺诈手段隐瞒重要事实取得公司登记的，责令改正。对虚报注册资本的公司，处以虚报注册资本金额5％以上15％以下的罚款；对提交虚假证明文件或者采取其他欺诈手段隐瞒重要事实的公司，处以5万元以上50万元以下的罚款，情节严重的，撤销公司登记或者吊销营业执照。

（2）公司不依法经营的法律责任。公司成立后无正当理由超过6个月未开业的，或者开业后自行停业连续6个月以上的，可以由公司登记机关吊销营业执照。

（3）公司不依法变更的法律责任。公司登记事项发生变更时，未按照《公司法》规定办理变更登记的，责令限期登记，逾期不登记的，处以1万元以上10万元以下的罚款。

（4）另立会计账册的法律责任。公司必须依据《公司法》建立会计账簿，在法定的会计账簿以外另立会计账簿的，由县级以上人民政府财政部门责令改正，处以5万元以上50万元以下的罚款。

（5）不按规定提取公积金的法律责任。公司若不按规定提取法定公积金，除责令如数补足应当提取的金额外，并对其处以20万元以下的罚款。

（6）在变更或清算时，拒不履行告知义务，隐匿或非法处理公司财产的法律责任。公司在合并、分立和减少注册资本或者进行清算时，不按照规定通知或者公告债权人的，责令改正，对公司处以1万元以上10万元以下的罚款。公司在进行清算时，隐匿财产，对资产负债表或者财产清算单作虚伪记载或者未清偿债务前分配公司财产的，责令改正，并对公司处以该项被隐匿或者未清偿债务前分配公司财产金额5％以上10％以下的罚款。

2. 发起人责任

（1）公司发起人对公司不能成立时，对设立行为所产生债务和费用负连带责任。

（2）公司不能成立时，对认股人已缴纳的股款，负返还股款并加算银行利息的连带责任。

（3）在公司设立过程中，由于发起人的过失致使公司利益受到损害的，应当对公司承

担赔偿责任。

(4) 公司发起人、股东未交付货币、实物或者未转移财产权，虚假出资，欺骗债权人和社会公众的，责令改正，并处以虚假出资金额 5% 以上 15% 以下的罚款。

(5) 公司的发起人、股东在公司成立后抽逃出资的，责令改正，并处以抽逃出资金额 5% 以上 15% 以下的罚款。

3. 直接责任人员责任

(1) 公司向股东和社会公众提供虚假的或者隐瞒重要事实的财务会计报告的，对直接负责的主管人员和其他责任人员处以 3 万元以上 30 万元以下的罚款。

(2) 公司在清算时隐匿财产、对资产负债表或财产清单进行虚伪记载或者未清偿债务前分配公司财产的，除应当对公司处以罚款外，还应当对直接负责的主管人员和其他直接责任人员处以 1 万元以上 10 万元以下的罚款。清算组成员徇私舞弊、谋取非法收入或者侵占公司财产的，责令退还公司财产，没收非法所得，并可处以违法所得 1 倍以上 5 倍以下的罚款。构成犯罪的依法追究刑事责任。

(3) 承担资产评估、验资或者验证的机构提供虚假证明文件的，或因过失提供报告有重大遗漏的，分别处以 1 倍以上 5 倍以下罚款。并可由有关主管部门依法责令该机构停业，吊销营业执照，吊销直接责任人员的资格证书。

(4) 公司登记机关的上级部门强令公司登记机关对不符合《公司法》规定条件的登记申请予以登记的，或者对违法登记进行包庇的，对直接主管人员和其他直接责任人员依法给予行政处分。构成犯罪的，依法追究刑事责任。

(5) 董事、监事、经理的竞业禁止。

①董事、经理以公司资产为本公司的股东或者其他个人债务提供担保的，责令取消担保，并依法承担赔偿责任，将违法提供担保取得的收入归公司所有，情节严重的，由公司给予处分。

②董事、监事、经理利用职权收受贿赂，谋取其他非法收入或者侵占公司财产的，没收违法所得，责令退还公司财产，由公司给予处分。

③董事、经理挪用公司资金或者将公司资金借给他人的，责令退还公司的资金，由公司给予处分，将其所得收入归公司所有。构成犯罪的，依法追究刑事责任。

④董事、经理违反《公司法》规定自营或者为他人经营与其所任职公司同类业务的，除将其所得收入归公司所有外，可由公司给予处分。

以案释法

案例 6-11 董事、监事、经理的竞业禁止

　　王某为 A 五金交化股份有限公司董事兼总经理。2012 年 11 月，王某以 B 公司的名义从国外进口一批家电产品，共计价值 380 万元。之后，王某将该批家电产品销售给了 C 公司。A 公司董事会得知此事后，认为王某身为本公司董事兼总经理，负有竞业禁止义务，不得经营与本公司同类的业务，王某的行为违反了有关法律的规定，应属无效。于是，决议责成王某取消该合同，而将该

批家电产品由 A 公司买下。C 公司认为，该批家电产品的买卖，是在 C 公司与 B 公司之间进行的，与 A 公司无关。合同的成立是双方当事人意思表示一致的产物，而且合同的内容不违法，所以是有效的。至于王某作为 A 公司董事而经营与 A 公司的同类业务，属于 A 公司内部事务，与 B 公司和 C 公司无关。

【问题】

(1) 王某的行为是否合法？

(2) B 公司与 C 公司的合同是否有效？

(3) 对王某应如何处理？

【提示】

(1)《公司法》规定，董事、经理不得自营或为他人经营与其所任职公司同类的业务或者从事损害本公司利益的活动。此即董事、经理的竞业禁止义务。本案中，A 公司的经营范围是买卖五金交化产品，当然包括家电产品的买卖。王某身为 A 公司的董事兼总经理，却以 B 公司的名义购销家电产品，为 B 公司进行商业活动，显然属于 A 公司的同类营业行为。因此，王某的行为违反了竞业禁止义务。

(2) 董事、经理违反竞业禁止义务的行为有无法律效力，《公司法》未明确规定，只规定"从事上述营业或者活动的，所得收入应当归公司所有"，竞业行为并非当然无效。本案中，B 公司与 C 公司的合同是双方意思表示一致达成的，合同内容也不违法，应是有效的，不能认为是无效合同。A 公司要求将这批家电产品转由本公司买下，没有法律依据，依法不应支持。

(3) 根据有关法律规定，王某因买卖这批家电产品所得的一切收入，应当归 A 公司所有。如因王某的竞业行为而使公司的利益遭受损害的，公司还可以要求其赔偿损失。此外，A 公司还可以根据王某行为给公司造成的损害大小等情况，给王某以处分。

案例 6-1 公司成立了吗

公司未成立。三人拒绝偿还债务的理由不成立。成立公司应向公司登记机关申请设立登记，公司经核准登记，发给公司营业执照。公司营业执照签发日期，为有限责任公司成立日期。该超市并未办理工商登记，不是有限责任公司，三人应承担无限连带责任。

公司章程的规定是否合法

甲、乙、丙、丁等 20 人拟共同出资设立一有限责任公司，股东共同制定了公司章程。在公司章程中，对董事任期、监事会组成、股权转让规则等事项做了如下规定：

(1) 公司董事任期为 4 年；

(2) 公司设立监事会，监事会成员为 7 人，其中包括 2 名职工代表；

(3) 股东向股东以外的人转让股权，必须经其他股东 2/3 以上同意。

【问题】

(1) 公司章程中关于董事任期的规定是否合法？

(2) 公司章程中关于监事会职工代表人数的规定是否合法？

(3) 公司章程中关于股权转让的规定是否合法？

【提示】

(1) 关于董事任期的规定不合法。根据规定，董事任期由公司章程规定，但每届任期不得超过 3 年。

(2) 关于监事会职工代表人数的规定不合法。根据规定，监事会中职工代表的比例不得低于 1/3。本案例中，职工代表的人数低于 1/3。

(3) 关于股权转让的规定合法。根据规定，有限责任公司的股东向股东以外的人转让股权，应当经其他股东过半数同意。但是，公司章程对股权转让另有规定的，从其规定。

项目二 合伙企业法律制度

举案说法

案例 6-12　普通合伙企业

公民甲、乙、丙出资4万元、3万元、3万元设立一个普通合伙企业。2010年批准正式成立。2011年，该企业从银行贷款8万元，期限是2年。在2013年的5月，经乙、丙同意，甲将自己的全部合伙财产转让给丁。甲办理了退伙结算手续。2013年年终结算时，该合伙企业亏损了5万元，加上从银行贷款的本息9万元，共负债14万元。

【问题】

（1）甲对该合伙企业的债务是否承担偿还责任？

（2）丁表示，在他入伙前发生的银行贷款，他不承担任何责任。该主张有无法律根据？

（3）乙、丙同意按照合伙协议确定的比例承担偿还债务的责任，超过合伙协议确定的比例部分拒不承担责任。其说法是否合法？

知识储备

一、概述

合伙企业，是指自然人、法人和其他组织依照《中华人民共和国合伙企业法》（以下简称《合伙企业法》）在中国境内设立的普通合伙企业和有限合伙企业。

合伙企业具有如下特征：

（1）合伙企业有两个以上合伙人。

（2）合伙企业以合伙协议作为其成立和经营活动的依据。

（3）合伙企业中必须有人对合伙企业的债务承担无限连带责任或无限责任。

（4）合伙企业是不具有法人资格的营利性组织。

知识链接

《中华人民共和国合伙企业法》

目前，我国调整合伙企业各种经济关系的主要法律规范是《中华人民共和国合伙企业法》（2006 年 8 月 27 日第十届全国人民代表大会常务委员会第二十三次会议通过，自 2007 年 6 月 1 日起施行）。

《合伙企业法》适用于一般的普通合伙企业、特殊的普通合伙企业和有限合伙企业。不适用企业法人之间的合伙型联营，也不适用自然人或企业间的契约型合伙。

二、普通合伙企业

普通合伙企业是由普通合伙人组成，合伙人对合伙企业的债务依照《合伙企业法》规定承担无限连带责任的一种合伙企业。

（一）普通合伙企业的设立条件

1. 有两个以上合伙人

2. 有书面合伙协议

书面合伙协议经全体合伙人签名、盖章后生效。根据《合伙企业法》的规定，合伙协议应当载明下列必要记载的事项：

（1）合伙企业的名称和主要经营场所的地点。

（2）合伙目的和合伙企业的经营范围。

（3）合伙人的姓名或者名称、住所。

（4）合伙人出资的方式、数额和缴付期限。

（5）利润分配、亏损分担方式。

（6）合伙事务的执行。

（7）入伙与退伙。

（8）争议解决办法。

（9）合伙企业的解散与清算。

（10）违约责任。

3. 有各合伙人认缴或实际缴付的出资

合伙人出资的形式可以是货币、实物、土地使用权、知识产权或者其他财产权利，也可以用劳务出资。

4. 有合伙企业的名称和生产经营场所

合伙企业名称中应当标明"普通合伙"字样。

5. 法律、行政法规规定的其他条件

以案释法

案例 6-13　普通合伙企业的设立

张某、李某和王某三人共同设立一普通合伙企业，并于 2008 年 6 月 15 日订立了书面合伙协议，张某、王某均在该协议上签字、盖章，李某因有事在外

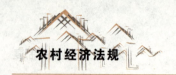

地，未在协议上签字、盖章。张某、王某积极筹备前期事宜，寻找场地、购买设备，并将该企业命名为"A食品有限公司"。

【问题】

（1）该企业的名称是否合法？

（2）该合伙协议是否有效？

【提示】

（1）本案涉及普通合伙企业的名称问题。合伙企业名称中应当标明"普通合伙"字样。而本案中该普通合伙企业取名为"A食品有限公司"，在名称中出现了"有限公司"字样，而未使用"普通合伙"字样，不符合法律规定，故该名称不合法。

（2）本案中，仅有张某、王某签字的该合伙协议书无效。《合伙企业法》规定，书面合伙协议经全体合伙人签名、盖章后生效。本案中，李某没有在协议上签字、盖章，因此该合伙协议没有生效。

（二）特殊的普通合伙企业

以专业知识和专门技能为客户提供有偿服务的专业服务机构，可以设立为特殊的普通合伙企业。特殊的普通合伙企业主要是指律师事务所、会计师事务所、建筑师事务所、资产评估师事务所等以专业知识和专门技能为基础为客户提供有偿服务的机构。

特殊的普通合伙企业名称中应当标明"特殊普通合伙"字样。特殊的普通合伙企业应当建立执业风险基金、办理职业保险。执业风险基金用于偿付合伙人执业活动造成的债务。执业风险基金应当单独立户管理。具体管理办法由国务院规定。

知识扩展

特殊的普通合伙企业

普通合伙企业，合伙人对合伙企业债务应承担无限连带责任。特殊的普通合伙企业，其合伙人对特定合伙企业债务只承担有限责任。一个合伙人或者数个合伙人在执业活动中因故意或者重大过失造成合伙企业债务的，其他合伙人以其在合伙企业中的财产份额为限承担责任。

（三）普通合伙企业的设立程序

1. 向企业登记机关提出申请

申请设立合伙企业，应向企业登记机关提交下列文件：

（1）全体合伙人签署的设立登记申请书。

（2）全体合伙人的身份证明。

（3）全体合伙人指定的代表或者共同委托代理人的委托书。

（4）合伙协议。

（5）出资权属证明。

（6）经营场所证明。

（7）其他证明材料。

2. 企业登记机关做出是否登记的决定

（1）当场登记。如果申请人提交的登记申请材料齐全、符合法定形式，企业登记机关能够当场登记的，应予当场登记，发给营业执照。

（2）除上面规定情形外，企业登记机关应当自受理申请之日起 20 日内，做出是否登记的决定。予以登记的，发给营业执照；不予登记的，应当给予书面答复，并说明理由。

（3）合伙企业的营业执照签发日期，为合伙企业成立日期。合伙企业领取营业执照前，合伙人不得以合伙企业名义从事合伙业务。

（4）设立分支机构。合伙企业设立分支机构，应当向分支机构所在地的企业登记机关申请登记，领取营业执照。

（5）变更登记。合伙企业登记事项发生变更的，执行合伙事务的合伙人应当自做出变更决定或者发生变更事由之日起 15 日内，向企业登记机关申请办理变更登记。

（四）普通合伙企业的财产

根据我国《合伙企业法》的规定，合伙企业存续期间，合伙人的出资和所有以合伙企业名义取得的收益均为合伙企业的财产。合伙企业的财产由全体合伙人依照法律规定共同管理和使用。

我国《合伙企业法》对合伙企业财产的处分做了以下限制性规定：

（1）除合伙协议另有约定外，合伙人向合伙人以外的人转让其在合伙企业中的全部或者部分财产份额时，须经其他合伙人一致同意。

（2）合伙人之间转让在合伙企业中的全部或者部分财产份额时，应当通知其他合伙人。

（3）合伙人向合伙人以外的人转让其在合伙企业中的财产份额的，在同等条件下，其他合伙人有优先购买权；但是，合伙协议另有约定的除外。

（4）合伙人以其在合伙企业中的财产份额出质的，须经其他合伙人一致同意。未经其他合伙人一致同意，合伙人以其在合伙企业中的财产份额出质的，其行为无效，由此给善意第三人造成损失的，由行为人依法承担赔偿责任。

（5）合伙协议不得约定将全部利润分配给部分合伙人或者由部分合伙人承担全部亏损。

以案释法

案例 6-14　普通合伙企业的财产

张某、李某和刘某各出资 5 万元设立了一家普通合伙企业。

【问题】　他们的出资是合伙企业的财产吗？企业成立后做成了一笔生意，获利 3 万元，这笔资金是企业的财产吗？

【提示】　合伙人的出资和以合伙企业名义取得的收益都是合伙企业的财产。

（五）普通合伙企业的事务执行

合伙人执行合伙企业事务，有全体合伙人共同执行合伙企业事务、委托一名或数名合伙人执行合伙企业事务两种形式。合伙企业可以聘任合伙人以外人员参与经营管理，被聘任的合伙企业的经营管理人员应当在合伙企业授权范围内履行职责。

根据《合伙企业法》的规定，合伙企业的下列事务必须经全体合伙人一致同意：

（1）改变合伙企业的名称。

（2）改变合伙企业的经营范围、主要经营场所的地点。

（3）处分合伙企业的不动产。

（4）转让或者处分合伙企业的知识产权和其他财产权利。

（5）以合伙企业名义为他人提供担保。

（6）聘任合伙人以外的人担任合伙企业的经营管理人员。

知识链接

合伙人在执行合伙事务中的义务

（1）由一名或者数名合伙人执行合伙企业事务的，应当依照约定向其他不参加执行事务的合伙人报告事务执行情况以及合伙企业的经营状况和财务状况。

（2）合伙人不得自营或者同他人合作经营与本合伙企业相竞争的业务。

（3）除合伙协议另有约定或者经全体合伙人一致同意外，合伙人不得同本合伙企业进行交易。

（4）合伙人不得从事损害本合伙企业利益的活动。

以案释法

案例 6-15　普通合伙企业财产的处分

甲、乙、丙 3 人成立一普通合伙企业，推举甲为负责人并管理合伙企业的日常事务。后甲在执行企业事务时，未经其他合伙人同意，独自决定以合伙企业的设备为丁公司向银行贷款提供抵押。

【问题】　甲的行为是否符合法律规定？

【提示】　以企业的设备为丁公司向银行贷款提供抵押，属于处分合伙企业的财产，需经全体合伙人同意。而甲独自决定实施了该行为，违反了《合伙企业法》的规定。

（六）合伙企业与第三人的关系

合伙企业与第三人关系，实际上是指有关合伙企业的对外关系，涉及合伙企业对外代表权的效力、合伙人和善意第三人的关系以及合伙企业和合伙人的债务清偿等。

1. 对外代表权的效力

根据我国《合伙企业法》的规定，执行合伙企业事务的合伙人，对外代表合伙企业在授权的范围内做出法律行为，由此产生的收益应当归合伙企业所有，成为合伙财产的来源；带来的风险，也应当由合伙人承担，构成合伙企业的债务。

2. 合伙企业和善意第三人的关系

合伙企业对合伙人执行合伙事务以及对外代表合伙企业权利的限制，不得对抗不知情的善意第三人。

3. 合伙企业和合伙人的债务清偿

合伙企业对其债务，应先以其全部财产进行清偿；合伙企业财产不足清偿到期债务的，合伙人应当承担无限连带清偿责任。

知识链接

合伙人之间的债务分担

（1）以合伙企业财产清偿合伙企业债务时，其不足的部分，由各合伙人按照合伙企业分担亏损的比例，用其在合伙企业出资以外的财产承担清偿责任。

（2）关于合伙企业亏损分担的比例，合伙协议约定的，按照合伙协议约定的比例分担；合伙协议未约定的，由各合伙人平均分担。

（3）合伙人之间的分担比例对债权人没有约束力。债权人可以根据自己的清偿利益，请求全体合伙人中的一人或数人承担全部清偿责任，也可以按照自己确定的清偿比例向各合伙人分别追索。

（4）如果某一合伙人实际支付的清偿数额超过其依照既定比例所应承担的数额，该合伙人有权就超过部分向其他未支付或者未足额支付应承担数额的合伙人追偿。

以案释法

案例 6-16　他们能拒绝偿还合伙企业的债务吗？

李某、王某和张某是朋友，三人约定成立普通合伙企业，李某出资人民币现金 6 万元；王某将自己拥有的机器设备作价人民币 6 万元出资；张某无资金，但有专业技能和经营管理能力。合伙协议约定李某与王某以上述方式出资，张某以劳务作价 6 万元出资，三人约定风险均担。三人依法到工商部门进行了登记，领取了合伙企业营业执照。合伙企业成立后，由张某具体执行合伙企业事务，后因经营不善，该合伙企业欠胡某 6 万元债务。胡某向该合伙企业追要债务，找到了李某和王某，二人拒绝偿还合伙企业的 6 万元债务，称已履行了 6 万元的出资义务，而且企业由张某负责经营管理，应由张某来偿还债务。胡某又找到张某追要债务，张某称合伙企业债务由三个合伙人均担，只愿意承担 2 万元的债务，其余概不负责。

【问题】李某、王某、张某拒绝偿还合伙企业债务的理由是否成立？为什么？

【提示】三人拒绝偿还合伙企业债务的理由不成立。《合伙企业法》规定，普通合伙企业由普通合伙人组成，合伙人对合伙企业债务承担无限连带责任。执行合伙企业事务的合伙人执行事务产生的债务，应由全体合伙人承担。故李某、王某拒绝偿还合伙企业债务的理由不成立。

《合伙企业法》还规定，合伙人之间的分担比例对债权人没有约束力。债权人可以根据自己的清偿利益，请求全体合伙人中的一人或数人承担全部清偿责任，也可以按照自己确定的清偿比例向各合伙人分别追索。故张某拒绝偿还企业债务的理由不成立。

（七）入伙与退伙

1. 入伙 入伙是指在合伙企业存续期间，合伙人以外的第三人加入合伙企业并取得合伙人资格的行为。

（1）入伙的条件。入伙须经其他合伙人的一致同意，且要与原合伙人订立书面入伙协议。

（2）入伙的效力。入伙人对入伙前合伙企业的债务承担连带责任。入伙协议中关于入伙债权债务承担的约定不得对抗第三人，但对内具有效力。

2. 退伙 退伙是指合伙人退出合伙企业，从而丧失合伙人资格。退伙人对基于其退伙前的原因发生的合伙企业债务，承担无限连带责任。

知识链接

合伙企业财产份额的继承

我国《合伙企业法》规定，合伙人死亡或者被依法宣告死亡的，对该合伙人在合伙企业中的财产份额享有合法继承权的继承人，按照合伙协议的约定或者经全体合伙人一致同意，从继承开始之日起，取得该合伙企业的合伙人资格。

合伙人的继承人为无民事行为能力人或者限制民事行为能力人的，经全体合伙人一致同意，可以依法成为有限合伙人，普通合伙企业依法转为有限合伙企业。全体合伙人未能一致同意的，合伙企业应当将被继承合伙人的财产份额退还该继承人。

三、有限合伙企业

有限合伙企业是指由有限合伙人和普通合伙人共同组成，普通合伙人对合伙企业债务承担无限连带责任，有限合伙人以其认缴的出资额为限对合伙企业债务承担责任的合伙企业。

（一）有限合伙企业的设立条件

1. 有限合伙企业由 2 个以上 50 个以下合伙人设立，但是，法律另有规定的除外 有限合伙企业至少应当有一个普通合伙人。有限合伙企业仅剩有限合伙人的，应当解散；有限合伙企业仅剩下普通合伙人的，转为普通合伙企业。合伙人为自然人的，应当是具有完全民事行为能力的人。

2. 有书面合伙协议 根据《合伙企业法》的规定，合伙协议经全体合伙人签名、盖章后生效。合伙协议应当载明下列必要记载的事项：

（1）合伙企业的名称和主要经营场所的地点。

（2）合伙目的和合伙企业的经营范围。

（3）普通合伙人和有限合伙人的姓名或者名称、住所。

（4）合伙人出资的方式、数额和缴付期限。

（5）利润分配、亏损分担方式。

（6）合伙事务的执行。包括执行事务合伙人权限与违约处理办法，执行事务合伙人的除名条件和更换程序等。

（7）入伙与退伙，有限合伙人入伙、退伙的条件、程序以及相关责任。

（8）有限合伙人和普通合伙人相互转变程序。

（9）争议解决办法。

（10）合伙企业的解散与清算。

（11）违约责任。

3. 有各合伙人认缴或实际缴付的出资 有限合伙人可以用货币、实物、知识产权、土地使用权或者其他财产权利作价出资。有限合伙人不得以劳务出资。

4. 有合伙企业的名称和生产经营场所 有限合伙企业名称中应当标明"有限合伙"字样。

5. 法律、行政法规规定的其他条件

（二）有限合伙人的特殊性

（1）有限合伙企业不得将全部利润分配给部分合伙人；但是，合伙协议另有约定的除外。

（2）有限合伙人可以同本有限合伙企业进行交易；但是，合伙协议另有约定的除外。

（3）有限合伙人可以自营或者同他人合作经营与本有限合伙企业相竞争的业务；但是，合伙协议另有约定的除外。

（4）有限合伙人可以将其在有限合伙企业中的财产份额出质；但是，合伙协议另有约定的除外。

（5）有限合伙人可以按照合伙协议的约定向合伙人以外的人转让其在有限合伙企业中的财产份额，但应当提前 30 日通知其他合伙人。

（6）新入伙的有限合伙人对入伙前有限合伙企业的债务，以其认缴的出资额为限承担责任。

（7）作为有限合伙人的自然人在有限合伙企业存续期间丧失民事行为能力的，其他合伙人不得因此要求其退伙。

（8）有限合伙人退伙后，对基于其退伙前的原因发生的有限合伙企业债务，以其退伙时从有限合伙企业中取回的财产承担责任。

案例 6-17 有限合伙人一般不要求竞业禁止

A 有限合伙汽车配件厂是由甲、乙和丙三人各出资 5 万元组成的合伙企业，合伙协议中约定了利润分配和亏损分担办法，甲为有限合伙人，争议由合伙人通过协商或者调解解决，协商不成的，通过诉讼解决。合伙协议中未约定竞业禁止。该合伙企业的负责人是乙，对外代表该合伙企业，合伙企业经营汽车配件生产、销售，经营期限为 2 年。甲在此期间，与王某合作建立了一个经营配件的门市部。

【**问题**】甲的做法有违法之处吗？

【**提示**】甲的做法没有违法之处。《合伙企业法》规定，有限合伙人可以自营或者同他人合作经营与本有限合伙企业相竞争的业务；但是，合伙协议另有约定的除外。本案中，该汽车配件厂是一个有限合伙企业，甲为有限合伙人，合伙协议中未约定竞业禁止。因此，甲与王某合作建立经营配件的门市部，虽然与 A 汽车配件厂的经营业务有重合之处，但也是法律所允许的。

（三）有限合伙人与普通合伙人的身份转换

（1）除合伙协议另有约定外，普通合伙人转变为有限合伙人，或者有限合伙人转变为普通合伙人，应当经全体合伙人一致同意。

（2）有限合伙人转变为普通合伙人的，对其作为有限合伙人期间有限合伙企业发生的债务承担无限连带责任。

（3）普通合伙人转变为有限合伙人的，对其作为普通合伙人期间合伙企业发生的债务承担无限连带责任。

（四）合伙企业的事务执行

有限合伙企业由普通合伙人执行合伙事务。有限合伙人不执行合伙事务，不得对外代表有限合伙企业。

第三人有理由相信有限合伙人为普通合伙人并与其交易的，该有限合伙人对该笔交易承担与普通合伙人同样的责任。有限合伙人未经授权以有限合伙企业名义与他人进行交易，给有限合伙企业或者其他合伙人造成损失的，该有限合伙人应当承担赔偿责任。

案例 6-18 合伙企业的事务执行

2008 年 3 月 15 日，甲、乙、丙和丁四人协商设立了 A 运输有限合伙企业，四人签订的合伙协议中规定：甲、乙、丙和丁分别出资 20 万元，按出资比例分配利润、承担亏损；甲、乙为普通合伙人，丙、丁为有限合伙人，不负责合伙企业事务，以出资额为限承担责任。2008 年 12 月 23 日，合伙人丁某为 A 运输有限合伙企业运送石材时，路遇法院拍卖房屋，丁某觉得机会难得，想替合伙企业竞买该房，于是以合伙企业的名义将石材质押给戊，借得 20 万元，竞买了房子。戊在向合伙企业要求清偿未果后，认为自己可以要求甲、乙、丙和丁中任一人承担无限连带责任。试分析此案例。

【提示】

（1）甲和乙是普通合伙人，普通合伙人对合伙企业债务承担无限连带责任。所以戊可以要求甲和乙承担无限连带责任。

（2）有限合伙企业由普通合伙人执行合伙事务。有限合伙人不执行合伙事务，不得对外代表有限合伙企业。第三人有理由相信有限合伙人为普通合伙人并与其交易的，该有限合伙人对该笔交易承担与普通合伙人同样的责任。本案中，有限合伙人丁以合伙企业的名义将石材质押给戊的借款行为，戊为善意第三人，可以认定为合伙企业的行为。对于该行为，有限合伙人丁承担与普通合伙人同样的责任，即无限连带清偿责任。所以戊可以要求丁承担无限连带责任。

（3）丙为有限合伙人，以出资承担有限清偿责任。所以戊不能要求丙承担无限连带责任。

四、合伙企业的解散与清算

合伙企业解散是指各合伙人解除合伙协议，合伙企业终止活动。合伙企业解散，应当进行清算。我国《合伙企业法》对合伙企业清算做了以下几个方面的规定：

1. 通知和公告债权人

2. 确定清算人

3. 财产清偿 合伙企业财产在支付清算费用后，清偿顺序如下：

（1）合伙企业所欠招用的职工工资、社会保险费用、法定补偿金。

（2）合伙企业所欠税款。

（3）合伙企业的债务。

（4）返还合伙人的出资。

合伙企业财产按上述顺序清偿后仍有剩余的，首先按税法缴纳所得税，然后按合伙协议约定的利润分配比例进行分配；合伙协议未约定利润分配比例的，由合伙人平均分配。合伙企业清算时，其全部财产不足清偿其债务的，由合伙人以个人的财产，按照合伙协议约定的比例承担清偿责任；合伙协议未约定比例的，平均承担清偿责任。

4. 注销登记 清算结束后，清算人应当编制清算报告，经全体合伙人签名、盖章后，在 15 日内向企业登记机关报送清算报告，办理合伙企业注销登记。合伙企业注销后，原普通合伙人对合伙企业存续期间的债务仍应承担无限连带责任。

五、违反《中华人民共和国合伙企业法》的法律责任

（一）合伙企业违法取得企业登记的法律责任

违反《合伙企业法》规定，提交虚假文件或者采取其他欺骗手段，取得合伙企业登记

的，由企业登记机关责令改正，处以 5000 元以上 5 万元以下的罚款；情节严重的，撤销企业登记，并处以 5 万元以上 20 万元以下的罚款。

（二）在合伙企业名称中使用法律禁用字样应承担的法律责任

违反《合伙企业法》规定，合伙企业未在其名称中标明"普通合伙""特殊普通合伙"或者"有限合伙"字样的，由企业登记机关责令限期改正，处以 2000 元以上 1 万元以下的罚款。

（三）合伙企业未领取营业执照擅自从事合伙业务以及未依法做变更登记的法律责任

违反《合伙企业法》规定，未领取营业执照，而以合伙企业或者合伙企业分支机构名义从事合伙业务的，由企业登记机关责令停止，处以 5000 元以上 5 万元以下的罚款。

合伙企业登记事项发生变更时，未依照《合伙企业法》规定办理变更登记的，由企业登记机关责令限期登记；逾期不登记的，处以 2000 元以上 2 万元以下的罚款。合伙企业登记事项发生变更，执行合伙事务的合伙人未按期申请办理变更登记的，应当赔偿由此给合伙企业、其他合伙人或者善意第三人造成的损失。

（四）执行合伙企业事务的合伙人违反《合伙企业法》损害合伙企业利益的法律责任

合伙人执行合伙事务，或者合伙企业从业人员利用职务上的便利，将应当归合伙企业的利益据为己有的，或者采取其他手段侵占合伙企业财产的，应当将该利益和财产退还合伙企业；给合伙企业或者其他合伙人造成损失的，依法承担赔偿责任。

合伙人对《合伙企业法》规定或者合伙协议约定必须经全体合伙人一致同意始得执行的事务擅自处理，给合伙企业或者其他合伙人造成损失的，依法承担赔偿责任。

不具有事务执行权的合伙人擅自执行合伙事务，给合伙企业或者其他合伙人造成损失的，依法承担赔偿责任。

（五）合伙人从事与本合伙企业相竞争的业务以及与本企业交易的法律责任

合伙人违反《合伙企业法》规定或者合伙协议的约定，从事与本合伙企业相竞争的业务或者与本合伙企业进行交易的，该收益归合伙企业所有；给合伙企业或者其他合伙人造成损失的，依法承担赔偿责任。

（六）清算人的法律责任

清算人未依照《合伙企业法》规定向企业登记机关报送清算报告，或者报送清算报告隐瞒重要事实，或者有重大遗漏的，由企业登记机关责令改正。由此产生的费用和损失，由清算人承担和赔偿。

清算人执行清算事务，牟取非法收入或者侵占合伙企业财产的，应当将该收入和侵占的财产退还合伙企业；给合伙企业或者其他合伙人造成损失的，依法承担赔偿责任。

清算人违反《合伙企业法》规定，隐匿、转移合伙企业财产，对资产负债表或者财产清单作虚假记载，或者在未清偿债务前分配财产，损害债权人利益的，依法承担赔偿责任。

（七）合伙人违反合伙协议的解决

合伙人违反合伙协议的，应当依法承担违约责任。

合伙人履行合伙协议发生争议的，合伙人可以通过协商或者调解解决。不愿通过协商、调解解决或者协商、调解不成的，可以按照合伙协议约定的仲裁条款或者事后达成的书面仲裁协议，向仲裁机构申请仲裁。合伙协议中未订立仲裁条款，事后又没有达成书面仲裁协议的，可以向人民法院起诉。

（八）其他有关规定

有关行政管理机关的工作人员违反《合伙企业法》规定，滥用职权、徇私舞弊、收受贿赂、侵害合伙企业合法权益的，依法给予行政处分。

违反《合伙企业法》规定，应当承担民事赔偿责任和缴纳罚款、罚金，其财产不足以同时支付的，先承担民事赔偿责任。

违反《合伙企业法》构成犯罪的，依法追究刑事责任。

案例点评

案例 6-12 普通合伙企业

（1）承担。退伙人对退伙前发生的合伙企业债务承担连带责任。

（2）无法律依据。入伙的新合伙人对入伙前发生的债务承担连带责任。

（3）不合法。合伙人对内承担按份责任，对外承担无限连带责任。

自学自练

普通合伙人与有限合伙人的转换

2008年5月，甲、乙、丙和丁四人出资设立A有限合伙企业，其中甲、乙为普通合伙人，丙、丁为有限合伙人。合伙企业存续期间，发生以下事项：2008年7月由于流动资金缺乏，经过四人讨论决定，A合伙企业向B银行贷款100万元。2008年8月，经全体合伙人一致同意，普通合伙人乙转变为有限合伙人，有限合伙人丙转变为普通合伙人。2008年9月，甲、丁提出退伙，乙和丙表示同意。经退伙结算，甲从合伙企业分得10万元，丁从合伙企业分得20万元。2008年12月20日，B银行100万元的贷款到期，而此时A合伙企业的全部财产只有40万元。在用该合伙企业的全部财产抵债后，债权人B银行要求甲、乙、丙和丁承担清偿责任。试分析此案例。

【提示】

（1）债权人B银行可以要求甲清偿全部的60万元。根据有关规定，普通退伙人对基于其退伙前的原因发生的合伙企业债务，承担无限连带责任。

（2）债权人B银行可以要求乙清偿全部的60万元。普通合伙人转变为有限合伙人的，对其作为普通合伙人期间合伙企业发生的债务承担无限连带责任。（债务发生在7月，8月乙转为有限合伙人。）

（3）债权人B银行可以要求丙清偿全部的60万元。有限合伙人转变为普通合伙人的，对其作为有限合伙人期间有限合伙企业发生的债务承担无限连带责任。（债务发生在7月，8月丙转为普通合伙人。）

（4）债权人B银行只能要求丁清偿20万元。有限合伙人退伙后，对基于其退伙前的原因发生的有限合伙企业债务，以其退伙时从有限合伙企业中取回的财产承担责任。（丁退伙时从合伙企业分得20万元。）

项目三　个人独资企业法律制度

举案说法

案例 6-19　个人独资企业

章某出资设立了一家个人独资企业，在设立登记时明确以其家庭共有财产作为出资，并得到了其妻子的同意。后来因为经营不善欠下 50 万元债务，企业无力清偿，债权人提出变卖章某的住宅，但是章某称该房屋的产权人是其妻子林某的名字，与企业债务无关。你觉得章某的说法符合法律规定吗？

知识储备

一、概述

个人独资企业是指依照《中华人民共和国个人独资企业法》（以下简称《个人独资企业法》）在中国境内设立，由一个自然人投资，财产为投资人个人所有，投资人以其个人财产对企业债务承担无限责任的经营实体。个人独资企业具有如下法律特征：

（1）个人独资企业是由一个自然人投资的企业。

（2）个人独资企业的投资人对企业的债务承担无限责任。

（3）个人独资企业的内部机构设置简单，经营管理方式灵活。

（4）个人独资企业是非法人企业。

知识链接

中华人民共和国个人独资企业法

《中华人民共和国个人独资企业法》是调整个人独资企业在设立、活动、解散过程中所发生的社会关系的法律规范的总称。九届人大常委会第十一次会议于 1999 年 8 月 30 日通过、自 2000 年 1 月 1 日起施行的《中华人民共和国个人独资企业法》是个人独资企业的基本法律依据。为了确认个人独资企业的经营资格，规范个人独资企业登记行为，国家工商行政管理局于 2000 年 1 月 13 日公布了《个人独资企业登记管理办法》，自公布之日起施行。

二、个人独资企业的设立与变更

（一）个人独资企业的设立条件

1. 投资人为一个自然人

2. 有合法的企业名称　个人独资企业名称中不得使用"有限""有限责任"字样。

3. 有投资人申报的出资　设立个人独资企业可以用货币出资，也可以用实物、土地使用权、知识产权或者其他财产权利出资。投资人可以以个人财产出资，也可以以家庭共有财产作为个人出资。

4. 有固定的生产经营场所和必要的生产经营条件

5. 有必要的从业人员

（二）个人独资企业的设立程序

1. 提出申请　投资人申请设立个人独资企业，应向登记机关提交以下有关文件：

（1）设立申请书。设立申请书应包括下列事项：企业的名称和住所（个人独资企业以其主要办事机构所在地为住所）；投资人的姓名和住所；投资人的出资额和出资方式；经营范围和方式等。

（2）投资人身份证明。

（3）企业住所证明和生产经营场所使用证明等文件。

（4）由委托代理人申请设立登记的，应当提交投资人的委托书和代理人的身份证明或资格证明。

（5）国家工商行政管理总局规定提交的其他文件。

2. 工商登记　登记机关应当在收到设立申请文件之日起15日内，对符合《个人独资企业法》规定条件者，予以登记，发给营业执照；对不符合《个人独资企业法》规定条件的，不予登记，并发给企业登记驳回通知书，说明理由。个人独资企业营业执照的签发日期为个人独资企业的成立日期。在领取个人独资企业营业执照前，投资人不得以个人独资企业名义从事经营活动。

（三）个人独资企业分支机构的设立

个人独资企业设立分支机构，应当由投资人或其委托的代理人向分支机构所在地的登记机关申请登记，领取营业执照，同时报该分支机构隶属的个人独资企业的登记机关备案。分支机构的民事责任由设立该分支机构的个人独资企业承担。

（四）个人独资企业的变更

个人独资企业的变更指个人独资企业存续期间的登记事项发生的变更。如企业名称、住所、经营范围、经营期限等方面发生的改变。个人独资企业应当在做出变更决定之日起的15日内，依法向登记机关申请办理变更登记。

三、个人独资企业的投资人及事务管理

(一) 个人独资企业的投资人

个人独资企业的投资人，为一个具有中国国籍的自然人，但法律、行政法规规定禁止从事营利性活动的人，不得作为投资人申请设立个人独资企业。

个人独资企业投资人对企业债务承担无限责任。个人独资企业设立登记时以投资人个人财产出资设立的，由投资人用个人财产承担无限责任；个人独资企业设立登记时明确以其家庭共有财产作为个人出资的，应当依法以家庭共有财产对企业债务承担无限责任。

(二) 个人独资企业的事务管理

个人独资企业事务管理主要有两种方式：自行管理和委托或聘用管理。

委托或聘用管理应签订书面合同，明确委托的具体内容和授予的权利范围。投资人对受托人或者被聘用的人员职权的限制，不得对抗善意第三人。

> **以案释法**
>
> #### 案例 6-20　个人独资企业的事务管理
>
> 小吴投资成立了一家个人独资企业，由于自己缺乏管理经验，他从社会上聘请了一位林经理。小吴授予林经理的职权是 2 万元以内的合同林经理有权签订。超过 2 万元的合同必须经过小吴的同意才能签订。结果在小吴不知情的情况下，林经理与善意第三方张某签订了 3 万元的合同。
>
> 【问题】该合同是否有效？
>
> 【提示】该合同有效。投资人对受托人或者被聘用的人员职权的限制，不得对抗善意第三人。

四、个人独资企业的解散与清算

个人独资企业的解散是指个人独资企业因出现某些法律事由而导致其民事主体资格消灭的行为。个人独资企业解散时，应当进行清算。《个人独资企业法》对个人独资企业的清算做了如下规定：

1. 通知和公告债权人

2. 财产清偿顺序　个人独资企业解散的，财产应当按照下列顺序清偿：

(1) 所欠职工工资和社会保险费用。

(2) 所欠税款。

(3) 其他债务。

个人独资企业财产不足以清偿债务的，投资人应当以其个人的其他财产予以清偿。

3. 清算期间对投资人的要求　清算期间，个人独资企业不得开展与清算目的无关的

经济活动。在按前述财产顺序清偿债务前，投资人不得转移、隐匿财产。

4. 投资人的持续偿债责任　个人独资企业解散后，原投资人对个人独资企业存续期间的债务仍应承担偿还责任，但债权人在 5 年内未向债务人提出偿债请求的，该责任消灭。

5. 注销登记　个人独资企业清算结束后，投资人或者人民法院指定的清算人应当编制清算报告，并于清算结束之日起 15 日内向原登记机关申请注销登记。经登记机关注销登记，个人独资企业终止。个人独资企业办理注销登记时，应当缴回营业执照。

以案释法

案例 6-21　个人独资企业的解散与清算

王某为某市一家国有企业的下岗职工，2010 年 5 月 10 日以家庭共有财产申报设立一家从事餐饮经营的个人独资企业。企业经营较好，不到半年时间，又开设了两家分店。2010 年 11 月，王某因身体原因，将企业交给妻子张某管理。由于张某经营不善，企业效益不佳。第一分店店长私自与其同学合开了一家与本餐饮企业具有相同特色的另一家餐饮企业，并任经理，主要工作精力转移。第二分店因拖欠房租被起诉至法院，张某以店长承包经营为由提出抗辩。2011 年 5 月，张某未经清算就决定解散企业，不再清偿债务。

【问题】

(1) 个人独资企业是否可以以家庭财产申报出资？

(2) 第一分店店长的行为是否合法？张某的抗辩理由是否成立？

(3) 张某解散企业的行为是否合法？该个人独资企业解散后，张某能否逃避企业债务？

【提示】

(1) 根据《个人独资企业法》的规定，投资人可以以个人财产出资，也可以以家庭共有财产作为个人出资。

(2) 第一分店店长的行为不合法，违反了《个人独资企业法》的规定：未经投资人同意不得从事与本企业相竞争的业务。

(3) 张某的抗辩理由不能成立，分店是以总店名义开展经营活动的，投资人对受托人的职权限制不能对抗善意的第三人。

(4) 个人独资企业解散时，应当进行清算，未经清算解散企业不符合法律规定。个人独资企业解散后，原投资人对个人独资企业存续期间的债务仍应承担偿还责任。

五、违反《中华人民共和国个人独资企业法》的法律责任

(一) 提交虚假文件或采取其他欺骗手段取得企业登记的法律责任

违反《个人独资企业法》规定，提交虚假文件或采取其他欺骗手段，取得企业登记的，责令改正，处以 5000 元以下的罚款；情节严重的，并处吊销营业执照。

（二）个人独资企业使用的名称与其在登记机关登记的名称不相符合的法律责任

违反《个人独资企业法》规定，个人独资企业使用的名称与其在登记机关登记的名称不相符合的，责令限期改正，处以 2 000 元以下的罚款。

（三）违反个人独资企业营业执照相关法律规定的法律责任

涂改、出租、转让营业执照的，责令改正，没收违法所得，处以 3 000 元以下的罚款；情节严重的，吊销营业执照。伪造营业执照的，责令停业，没收违法所得，处以 5 000 元以下的罚款。构成犯罪的，依法追究刑事责任。

个人独资企业成立后无正当理由超过 6 个月未开业的，或者开业后自行停业连续 6 个月以上的，吊销营业执照。

违反《个人独资企业法》规定，未领取营业执照，以个人独资企业名义从事经营活动的，责令停止经营活动，处以 3 000 元以下的罚款。

个人独资企业登记事项发生变更时，未按本法规定办理有关变更登记的，责令限期办理变更登记；逾期不办理的，处以 2 000 元以下的罚款。

（四）投资人委托或者聘用的人员的法律责任

投资人委托或者聘用的人员管理个人独资企业事务时违反双方签订的合同，给投资人造成损害的，承担民事赔偿责任。

投资人委托或者聘用的人员违反《个人独资企业法》规定，侵犯个人独资企业财产权益的，责令退还；有违法所得的，没收违法所得；构成犯罪的，依法追究刑事责任。

（五）个人独资企业及其投资人的法律责任

个人独资企业违反《个人独资企业法》规定，侵犯职工合法权益，未保障职工劳动安全，不缴纳社会保险费用的，按照有关法律、行政法规予以处罚，并追究有关责任人员的责任。

个人独资企业及其投资人在清算前或清算期间隐匿或转移财产，逃避债务的，依法追回其财产，并按照有关规定予以处罚；构成犯罪的，依法追究刑事责任。

投资人违反《个人独资企业法》规定，应当承担民事赔偿责任的缴纳罚款、罚金，其财产不足以支付的，或者被判处没收财产的，应当先承担民事赔偿责任。

（六）个人独资企业登记机关及其他相关部门的法律责任

登记机关对不符合《个人独资企业法》规定条件的个人独资企业予以登记，或者对符合《个人独资企业法》规定条件的企业不予登记的，对直接责任人员依法给予行政处分；构成犯罪的，依法追究刑事责任。

登记机关上级部门的有关主管人员强令登记机关对不符合《个人独资企业法》规定条件的企业予以登记，或者对符合《个人独资企业法》规定条件的企业不予登记的，或者对

登记机关的违法登记行为进行包庇的，对直接责任人员依法给予行政处分；构成犯罪的，依法追究刑事责任。

登记机关对符合法定条件的申请不予登记或者超过法定时限不予答复的，当事人可依法申请行政复议或提议或提起行政诉讼。

违反法律、行政法规的规定强制个人独资企业提供财力、物力、人力的按照有关法律、行政法规予以处罚，并追究有关责任人员的责任。

案例点评

案例 6-19　个人独资企业

章某的说法不合法。个人独资企业的债务全部由投资人承担，并且投资人承担企业债务的责任范围不限于出资，其责任财产包括企业中的全部财产和其他个人财产。个人独资企业投资人在申请企业设立登记时明确以其家庭共有财产作为个人出资的，应当依法以家庭共有财产对企业债务承担无限责任。

自学自练

成立个人独资企业

曾某拟设立个人独资企业。2009 年 3 月 2 日，曾某将设立申请书等申请设立登记文件提交到拟定设立的个人独资企业所在地工商行政管理机关，设立申请书的有关内容如下：曾某以其汽车、劳务和现金 3 万元出资；企业名称为 A 商贸有限公司。3 月 10 日，该工商行政管理机关发给曾某"企业登记驳回通知书"。3 月 15 日，曾某将修改后的登记文件交到该工商行政管理机关。3 月 25 日，曾某领取了该工商行政管理机关于 3 月 20 日签发的个人独资企业营业执照。该个人独资企业（以下简称 A 企业）成立后，曾某委托吴某管理 A 企业事务，并书面约定，凡金额在 1 万元以上的业务均须取得曾某同意后执行。B 企业明知曾某与吴某的约定，仍与代表 A 企业的吴某签订了标的额为 2 万元的买卖合同。曾某知道后以吴某超出授权范围为由主张合同无效，但 B 企业以个人独资企业的投资人对受托人职权的限制不得对抗第三人为由主张合同有效。

【问题】

(1) 曾某 3 月 2 日提交的设立申请书中有哪些内容不符合法律规定？

(2) A 企业的成立日期是哪天？简要说明理由。

(3) B 企业主张合同有效的理由是否成立？简要说明理由。

【提示】

(1) ①以劳务出资不符合规定。设立个人独资企业可以用货币出资，也可以用实物、土地使用权、知识产权或者其他财产权利出资。②企业名称不符合规定。个人独资企业名称中不得使用"有限""有限责任"字样。

（2）A企业的成立日期为3月20日。根据规定，个人独资企业营业执照的签发日期为个人独资企业成立日期。

（3）B企业主张合同有效的理由不成立。根据规定，投资人对受托人或者被聘用的人员职权的限制，不得对抗善意第三人。在本案例中，B企业不属于善意第三人。

知识宝库

合伙企业协议（范本）

第一条 根据《民法通则》和《中华人民共和国合伙企业法》及《中华人民共和国合伙企业登记管理办法》的有关规定，经协商一致订立本协议。

第二条 本企业为合伙企业，是根据协议自愿组成的共同经营体。合伙人愿意遵守国家有关的法律、法规、规章，依法纳税，守法经营。

第三条 合伙目的：

第四条 经营范围：

法律、行政法规、国务院决定禁止的，不得经营；法律、行政法规、国务院决定规定应经许可的，经审批机关批准并经工商行政管理机关登记注册后方可经营；法律、行政法规、国务院决定未规定许可的，自主选择经营项目开展经营活动。

第五条 企业的名称：

第六条 企业经营场所：　　　　　　　　　　　　　　　邮政编码：

第七条 合伙人姓名及住所：

姓名　　　　　　性别　　　　　　身份证号码　　　　　　住所

第八条 合伙人出资总额：　　　　　　各合伙人出资

合伙人　　　　　出资额　　　　　　出资方式　　　　　　出资比例

第九条 利润分配和亏损分担办法

1. 企业的利润和亏损，由合伙人依照以下比例分配和分担：

（合伙协议未约定利润分配和亏损分担比例的，由合伙人平均分配和分担。）

2. 合伙企业存续期间，合伙人依据合伙协议的约定或者经全体合伙人决定，可以增加对合伙企业的出资，用于扩大经营规模或者弥补亏损。

3. 企业年度的或者一定时期的利润分配或亏损分担的具体方案，由全体合伙人协商决定或者按照合伙协议约定的办法决定。

第十条 合伙企业事务执行

1. 执行合伙企业事务的合伙人对外代表企业。委托合伙人为执行合伙企业事务的合伙人，其他合伙人不再执行合伙企业事务。不参加执行事务的合伙人有权监督执行事务的合伙人，检查其执行合伙企业事务的情况，并依照约定向其他不参加执行事务的合伙人报告事务执行情况以及合伙企业的经营状况和财务状况，收益归全体合伙人，所产生的亏损或者民事责任，由全体合伙人承担。

2. 合伙协议约定或者经全体合伙人决定，合伙人分别执行合伙企业事务时，合伙人可以对其他合伙人执行的事务提出异议，暂停该事务的执行。如果发生争议由全体合伙人共同决定。被委托执行合伙企业事务的合伙人不按照合伙协议或者全体合伙人的决定执行事务的，其他合伙人可以决定撤销该委托。

第十一条　入伙、退伙

1. 新合伙人入伙时，经全体合伙人同意，并依法订立书面协议。订立书面协议时，原合伙人向新合伙人告知合伙企业的经营状况和财物状况。

2. 新合伙人与原合伙人享有同等权利，承担同等责任。新合伙人对入伙前合伙企业债务承担连带责任。

3. 协议约定合伙企业经营期限的，有下列情形之一时，合伙人可以退伙：

（1）合伙协议约定的退伙事由出现。

（2）经全体合伙人同意退伙。

（3）发生合伙人难于继续参加合伙企业的事由。

（4）其他合伙人严重违反合伙协议约定的义务。

协议未约定合伙企业经营期限的，合伙人在不给合伙企业事务执行造成不利影响的情况下，可以退伙，但应当提前三十日通知其他合伙人。擅自退伙的，应当赔偿由此给其他合伙人造成的损失。

第十二条　解散与清算

1. 本企业发生了法律规定的解散事由，致使合伙企业无法存续、合伙协议终止，合伙人的合伙关系消灭。

2. 企业解散、经营资格终止，不得从事经营活动，只可从事一些与清算活动相关的活动。

3. 企业解散后，由清算人对企业的财产债权债务进行清理和结算，处理所有尚未了结的事务，还应当通知和公告债权人。

4. 清算人主要职责：

（1）清理企业财产，分别编制资产负债表和财产清单。

（2）处理与清算有关的合伙企业未了结的事务。

（3）清缴所欠税款。

（4）清理债权、债务。

（5）处理合伙企业清偿债务后的剩余财产。

（6）代表企业参与民事活动。

清算结束后，编制清算报告，经全体合伙人签字、盖章，在十五日内向企业登记机关报送清算报告，办理企业注销登记。

第十三条　违约责任

1. 合伙人违反合伙协议的，依法承担违约责任。

2. 合伙人履行合伙协议发生争议，通过协商或者调解解决，合伙人不愿通过协商、调解解决或者协商、调解不成的，可以依据合伙协议中的仲裁条款或者事后达成的书面仲裁协议，向仲裁机构申请仲裁。当事人没有在合伙协议中订立仲裁条款，事后又没有达成书面仲裁协议的，可以向人民法院起诉。

第十四条　本企业依法开展经营活动，法律、行政法规、国务院决定禁止的，不经营；需要前置许可的项目，报审批机关批准，并经工商行政管理机关核准注册后，方开展经营活动；不属于前置许可项目，法律、法规规定需要专项审批的，经工商管理机关登记注册，并经审批机关批准后，方开展经营活动；其他经营项目，本企业领取《营业执照》后自主选择经营项目，开展经营活动。

第十五条　本协议中的各项条款与法律、法规、规章不符的，以法律、法规、规章的规定为准。

全体合伙人签字：

年　月　日

新合伙人入伙协议（参考格式）

依据《中华人民共和国合伙企业法》和＿＿＿＿＿＿＿＿＿＿＿＿合伙协议，按照自愿、平等、公平、诚实的原则，经新合伙人和原全体合伙人协商一致，制定本协议。

一、新合伙人履行出资义务，即成为＿＿＿＿＿＿＿＿＿＿＿的合伙人。

二、新合伙人姓名，出资方式及出资额：

新合伙人姓名：＿＿＿＿＿＿＿＿＿＿，住所：＿＿＿＿＿＿＿＿＿＿＿＿＿＿，身份证号码：＿＿＿＿＿＿＿＿＿＿；

出资方式：＿＿＿＿＿＿＿＿＿＿；

出资额：计人民币＿＿＿＿＿＿＿＿＿＿元。

三、新合伙人承认原合伙企业所有协议，与原合伙人享受同等权利，承担同等责任。

四、新合伙人对入伙前合伙企业的债务承担连带责任。

五、本协议一式＿＿＿＿＿＿＿＿＿＿份，合伙人各持一份，并报合伙企业登记机关一份。本协议经新合伙人和原合伙人签字后生效。

六、本协议未尽事宜，按国家有关规定执行。

新合伙人（签章）：＿＿＿＿＿＿＿＿＿＿

原合伙人（签章）：＿＿＿＿＿＿＿＿＿＿

年　月　日

签订地点：＿＿＿＿＿＿＿＿＿＿

个人独资企业设立登记申请书

一、投资人基本情况								
姓名		性别		出生日期			照片粘贴处	
文化程度		政治面貌		民族				
居所				邮政编码				
身份证号				联系电话				
申请前职业状况								
投资人身份证复印件粘贴处								

二、申请登记项目			
企业名称			
备用名称1			
备用名称2			
企业住所		邮政编码	
		联系电话	
经营范围及方式			
出资额			
出资方式	1. 以个人财产出资	2. 以家庭共有财产作为个人出资家庭成员签名：	
从业人员数			

投资人签字：　　　　　　　　　　申请日期：

个人独资企业投资人（合伙企业全体合伙人）
委托代理人的委托书

经投资人（全体合伙人）与受托人协商一致，投资人（全体合伙人）委托代理人向登记机关申请办理个人独资企业（合伙企业）的设立（或者变更、注销）登记事宜。

投资人（全体合伙人）：　　　　　　　　　　受托人：

　　　年　　月　　日　　　　　　　　　年　　月　　日

常怡 . 2008. 民事诉讼法学［M］. 北京：中国政法大学出版社 .

丁鸿 . 2009. 农村政策与法规［M］. 北京：中国农业出版社 .

郭洪娇 . 2013. 经济法概论［M］. 北京：机械工业出版社 .

郭守杰 . 2009. 2009 年注会考试基础阶段应试指导及全真模拟测试——经济法［M］. 北京：经济科学出版社 .

江伟 . 2008. 仲裁法［M］. 北京：中国人民大学出版社 .

李莉 . 2011. 经济法基础知识［M］. 北京：中国农业出版社 .

王永吉，刘艳华 . 经济法基础知识实训与练习［M］. 北京：中国财政经济出版社 .

吴宏伟 . 2009. 经济法［M］. 北京：中国人民大学出版社 .

徐自莹，张明亮 . 2012. 农业经济政策与法规［M］. 上海：上海交通大学出版社 .

中国注册会计师协会 . 2010. 2010 年度注册会计师全国统一考试辅导教材——经济法［M］. 北京：中国财政经济出版社 .

中国注册会计师协会 . 2010. 经济法［M］. 北京：中国财政经济出版社 .

图书在版编目（CIP）数据

农村经济法规/孔令华，郭洪娇主编 . —北京：
中国农业出版社，2017.8
新型职业农民示范培训教材
ISBN 978-7-109-23023-1

Ⅰ.①农…　Ⅱ.①孔…②郭…　Ⅲ.①农业经济－经
济法－中国－技术培训－教材　Ⅳ.①D922.4

中国版本图书馆 CIP 数据核字（2017）第 136482 号

中国农业出版社出版
（北京市朝阳区麦子店街 18 号楼）
（邮政编码 100125）
责任编辑　郭晨茜　诸复祈

中国农业出版社印刷厂印刷　新华书店北京发行所发行
2017 年 8 月第 1 版　2017 年 8 月北京第 1 次印刷

开本：787mm×1092mm 1/16　印张：14
字数：312 千字
定价：38.00 元
（凡本版图书出现印刷、装订错误，请向出版社发行部调换）